ABOU TANGARA

DINÂMICA ESPÁCIO-TEMPORAL DE PLANTAS AQUÁTICAS INVASORAS

ABOU TANGARA

DINÂMICA ESPÁCIO-TEMPORAL DE PLANTAS AQUÁTICAS INVASORAS

A contribuição da deteção remota e do SIG para a cartografia da dinâmica espácio-temporal das plantas aquáticas

ScienciaScripts

Imprint
Any brand names and product names mentioned in this book are subject to trademark, brand or patent protection and are trademarks or registered trademarks of their respective holders. The use of brand names, product names, common names, trade names, product descriptions etc. even without a particular marking in this work is in no way to be construed to mean that such names may be regarded as unrestricted in respect of trademark and brand protection legislation and could thus be used by anyone.

Cover image: www.ingimage.com

This book is a translation from the original published under ISBN 978-620-6-72087-4.

Publisher:
Sciencia Scripts
is a trademark of
Dodo Books Indian Ocean Ltd. and OmniScriptum S.R.L publishing group

120 High Road, East Finchley, London, N2 9ED, United Kingdom
Str. Armeneasca 28/1, office 1, Chisinau MD-2012, Republic of Moldova, Europe
Printed at: see last page
ISBN: 978-620-8-06679-6

DEDICAÇÃO

Este livro é dedicado a :

O meu pai, por me ter incutido o amor pelo trabalho;

A minha mãe pelas suas bênçãos;

O meu tio pelo encorajamento;

À minha tia, pelos seus conselhos;

Os meus irmãos e irmãs ;

A todas as famílias TANGARA, TRAORÉ e DEMBÉLÉ pelo seu apoio moral.

Que o Todo-Poderoso vos abençoe

AGRADECIMENTOS

Em primeiro lugar, gostaríamos de prestar homenagem a todos aqueles que contribuíram para o seu êxito.

Gostaríamos de expressar o nosso mais profundo respeito e gratidão a :

- Reitor da UFR de Ciências da Terra e Recursos Minerais (STRM), Prof. SORO Nangnin por nos ter aceite na UFR STRM;
- O Diretor do CURAT, Dr. KOUAME KAN Jean, pela qualidade da formação ministrada no CURAT;
- Doutor YOUAN TA Marc, Diretor Científico desta dissertação, pela sua confiança em aceitar a orientação deste trabalho;
- Doutor DIBI N'Da Hyppolite, nosso codiretor, a quem dizemos um grande obrigado. Apesar da sua agenda preenchida, esteve presente durante o enquadramento do trabalho. O seu entusiasmo, paciência e conselhos deixaram a sua marca neste trabalho. Foi um verdadeiro prazer para nós trabalhar sob a sua supervisão;

Gostaríamos também de agradecer a todo o pessoal do CURAT pela sua disponibilidade;

A todos os meus colegas de turma da promoção 2017-2018 pelas suas colaborações;

Agradecemos calorosamente aos membros do júri: Dr. N'Guessan Yao Alexis, Dr. Komoe Koffi pela honra de julgar este trabalho.

Gostaríamos também de agradecer aos nossos pais, irmãos e amigos. Muito obrigado a todos vós.

Não podemos terminar sem exprimir a nossa gratidão a todos os professores da Faculdade de História e de Geografia da Universidade de Ciências Sociais e de Gestão de Bamako, no Mali. Em particular, gostaríamos de agradecer ao Dr. Hamadoun TRAORÉ, chefe do departamento de Geografia, e ao Dr. Baba Faradji N'DIAYE, professor-investigador, por terem feito recomendações para este estudo. Muito obrigado.

Por fim, para todas as pessoas mencionadas ou não, dizemos-vos esta oração: "Que DEUS todo-poderoso, omnisciente e omnipresente, que testemunhou tudo o que fizestes por mim, vos conceda uma recompensa maior, segundo a sua vontade. Amém"

ÍNDICE

RESUMO

No Mali, o rio tem 1750 km de comprimento. Passa por seis (6) das principais cidades do país: Bamako, Koulikoro, Ségou, Mopti, Timbuktu e Gao. O rio tem um valor ecológico, cultural, social e económico para a população local. Desempenha igualmente um papel fundamental na manutenção da biodiversidade, na agricultura, na pesca e no turismo. Apesar das suas múltiplas funções, o rio está sujeito a uma forte colonização por vegetação aquática invasora (IAV), que impede o seu bom funcionamento.

A deteção remota é a ferramenta que utilizámos para monitorizar a dinâmica da proliferação de plantas invasoras no leito do rio no distrito de Bamako. As imagens de satélite Landsat ETM+ e OLI foram utilizadas para realizar este estudo, monitorizando a dinâmica espácio-temporal das EABs. No total, utilizámos (12) imagens, ou seja, (3) imagens por ano, todas descarregadas de "earthexplorer.usgs.gov" de 2000 a 2018.

Na abordagem metodológica, após a aquisição das imagens de satélite, realizámos o pré-processamento, o melhoramento ou processamento da imagem e, em seguida, a renderização cartográfica. A dinâmica intra e interanual também foi estudada, seguida de uma avaliação do impacto dos VAEs no caudal do rio de 2000 a 2018.

Utilizando uma análise diacrónica de várias datas, o estudo mostra que a dinâmica da proliferação de EABs no rio varia de um ano para o outro. No período de 2000 a 2018, o estudo mostra uma diminuição das EAB de março a setembro, mas também um crescimento interanual, com uma taxa de expansão espacial de 15,50%. Estudámos também a relação entre as alterações dos VAE e o caudal do rio, e a curva que representa os VAE mostrou uma diminuição dos VAE à medida que o caudal do rio aumentava. Finalmente, após avaliar o impacto dos VAEs no caudal do rio, verificou-se que os VAEs não atingiram a média que pudesse impedir o caudal do rio. Tendo em conta algumas das limitações do estudo e com o objetivo de propor formas de gerir os VAE, foi formulada uma série de recomendações e perspectivas. Algumas das recomendações dizem respeito à sensibilização do público para o efeito da poluição das águas fluviais na proliferação do VAE. No futuro, será interessante elaborar um mapa da dinâmica da utilização dos solos como fonte provável de nutrientes para os VAE.

Palavras-chave: Deteção remota, GIS, VAE, dinâmica espácio-temporal, rio Níger, Landsat.

INTRODUÇÃO

[2]O rio Níger é o terceiro maior rio de África (depois do Nilo e do Congo), tanto em termos de comprimento (4.200 km) como de superfície (2.000.000 km). De acordo com Cissé *et al* (2007), o rio situa-se no coração da África Ocidental e parte da África Central. Nasce na Guiné e atravessa o Mali, o Níger, o Benim e a Nigéria antes de desaguar no Oceano Atlântico.

Nos últimos anos, o rio Níger tem estado sob uma ameaça considerável devido aos riscos climáticos, à pressão demográfica e à poluição antropogénica. Este facto comprometerá a sustentabilidade do recurso em termos de qualidade e quantidade (ABN, 2002).

A situação atual do rio e dos seus afluentes é cada vez mais preocupante para muitas partes interessadas no desenvolvimento sustentável dos seus recursos: utilizadores, promotores, gestores da água e do ambiente e decisores políticos. A qualidade da água do rio Níger está a tornar-se cada vez mais insalubre. (ABFN, 2004).

Na secção do Mali, o rio Níger estende-se por 1 750 km e alberga quase 80% da população, que vive principalmente da agricultura, da criação de gado e da pesca (Cissé *et al,* 2007). O rio atravessa nada menos que 6 das principais cidades do Mali, nomeadamente : Bamako, Koulikoro, Ségou, Mopti, Timbuktu e Gao. A sua contribuição para a economia do Mali é de 101.008 toneladas de peixe produzidas anualmente e 671.657,77 toneladas de produção agrícola só nas zonas irrigadas do rio Níger (Sidibé S., 2017). Este rio é considerado como uma artéria nutritiva para o país que mantém as condições de vida das populações. (https://maliactu.net/mali-fleuve-niger-au-mali-enjeux-et-perspectives/ 29/10/2018).

No Mali, um inventário das plantas flutuantes no leito do rio Níger mostrou que o jacinto de água coloca problemas graves na região de Koulikoro e no distrito de Bamako (Cheickna *et al,* 2004). O problema das plantas aquáticas invasoras está a tornar-se cada vez mais preocupante no Mali em geral e em Bamako em particular, onde a sua gestão exige recursos materiais, humanos e financeiros consideráveis.

É evidente que as plantas aquáticas invasoras constituem uma perda considerável para as economias dos países onde estão presentes, devido ao ritmo da sua propagação. Perante este flagelo, foram tomadas várias iniciativas pelos serviços técnicos do governo do Mali e pela população local. A maioria destas iniciativas baseia-se principalmente na remoção manual e no controlo biológico.

Em 2002 e 2003, o IER (Institut d'Économie Rurale) realizou trabalhos de levantamento do VAE, no âmbito do projeto de luta contra o jacinto de água no leito do rio Níger. Um estudo sobre as plantas aquáticas invasoras foi igualmente efectuado pelo GERACT-Sarl em 2004 e 2005, financiado pela ABFN (Agence du Bassin du Fleuve Niger). No âmbito da execução do seu orçamento especial de investimento para 2004, a Agência iniciou uma consulta restrita para melhor controlar o VAE no rio Níger. Estas intervenções forneceram uma primeira ideia dos locais de infestação permanente de VAE no Mali.

Para trabalhar nesta direção, centrando-nos na gestão das EAB, optámos pela deteção remota para monitorizar a dinâmica espácio-temporal destas plantas aquáticas invasoras no leito do rio Níger, no distrito de Bamako. O objetivo era obter um mapa atualizado das EABs para podermos acompanhar melhor a sua dinâmica e conceber estratégias para reduzir a sua proliferação no leito do rio Níger. Para melhor monitorizar esta proliferação espacial, é importante utilizar dados de observação da Terra. O controlo da dinâmica espacial das plantas aquáticas invasoras é uma base importante, daí o interesse do nosso tema de estudo, que se intitula: "Contribuição da teledeteção e do SIG para a cartografia da dinâmica espácio-temporal das plantas aquáticas invasoras no leito do rio Níger: o caso do distrito de Bamako (Mali)".

O objetivo geral deste estudo é contribuir para uma melhor compreensão das plantas aquáticas invasoras no leito do rio Níger no distrito de Bamako.

Especificamente, trata-se de :

> ➤ Produzir um mapa espácio-temporal da distribuição espacial das plantas aquáticas invasoras no leito do rio Níger perto de Bamako entre 2000 e 2018;
> ➤ Determinar a taxa de expansão espacial das plantas aquáticas invasoras no leito do rio entre 2000 e 2018;
> ➤ analisar o impacto da proliferação de plantas aquáticas invasoras no caudal do rio durante o período de 2000 a 2018.

Esta dissertação está dividida em três (3) partes: A primeira parte apresenta informações gerais sobre a área de estudo, plantas aquáticas invasoras e o conceito de sensoriamento remoto-GIS; a segunda, a abordagem metodológica e materiais utilizados durante o trabalho e, finalmente, a última parte resume os resultados e discussão.

CAPÍTULO 1: APRESENTAÇÃO DA ZONA DE ESTUDO

1.1 Estudo físico

1.1.1 Contexto geográfico

Bamako, a capital económica do Mali, está situada nas margens do rio Níger, entre 12°34'30" e 12°40'00" de latitude norte e 8°20'00" e 07°56'30" de longitude oeste. Bamako é a principal encruzilhada do país, graças à sua posição como ponto de convergência das principais estradas que ligam as várias regiões do Mali. Em 2009, a cidade tinha uma população de 1 809 106 habitantes (INSTAT, 2009). A cidade está construída numa bacia rodeada de colinas. [2]Estende-se de oeste a leste por 22 km² e de norte a sul por 12 km², cobrindo uma área de 267 km. O distrito de Bamako está subdividido em seis (6) comunas: (Comuna I, II, III, IV, V e VI). A Figura 1 mostra a área de estudo (Distrito de Bamako).

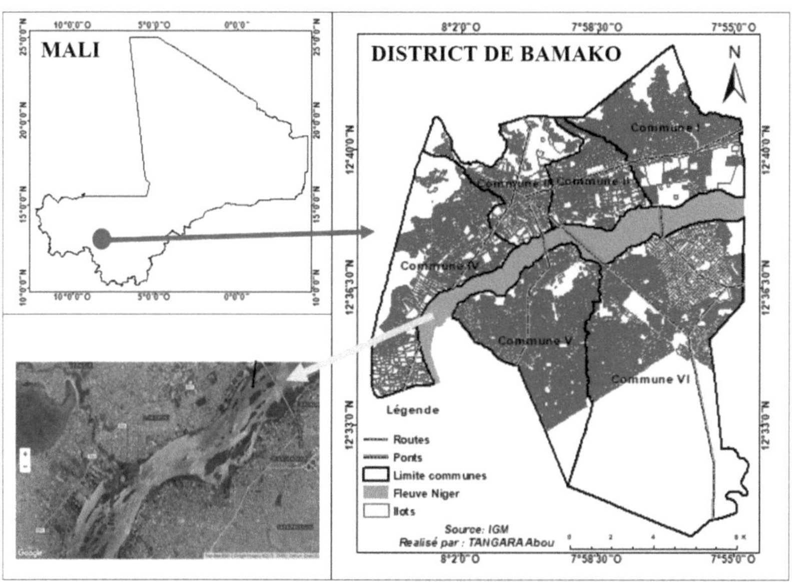

Figura 1M apa da área de estudo .

1.1.2 Vegetação e clima

O coberto vegetal de Bamako depende das políticas de ordenamento do território. É um tipo de vegetação tropical, com florestas de galeria ao longo dos cursos de água (Millimono, 2009).

Existem várias espécies de árvores, nomeadamente néré (*Parkia biglobosa*), caicedra (*Khaya senegalensis*), acácia (*Acacia senegalensis*), manga (*Mangifera indica*) e nyme (*Azadirachta indica*).

A região de Bamako goza de um clima tropical húmido com temperaturas elevadas (35,10°C a 22°C). A figura 2 abaixo representa graficamente os valores médios mensais de precipitação e temperatura na cidade de Bamako. Este clima é caracterizado pela alternância de duas estações, uma estação húmida com duração de 6 a 9 meses e uma curta estação seca. A variação mensal do número de dias de chuva situa-se entre 0 e 24 dias, com o máximo a ocorrer em agosto.

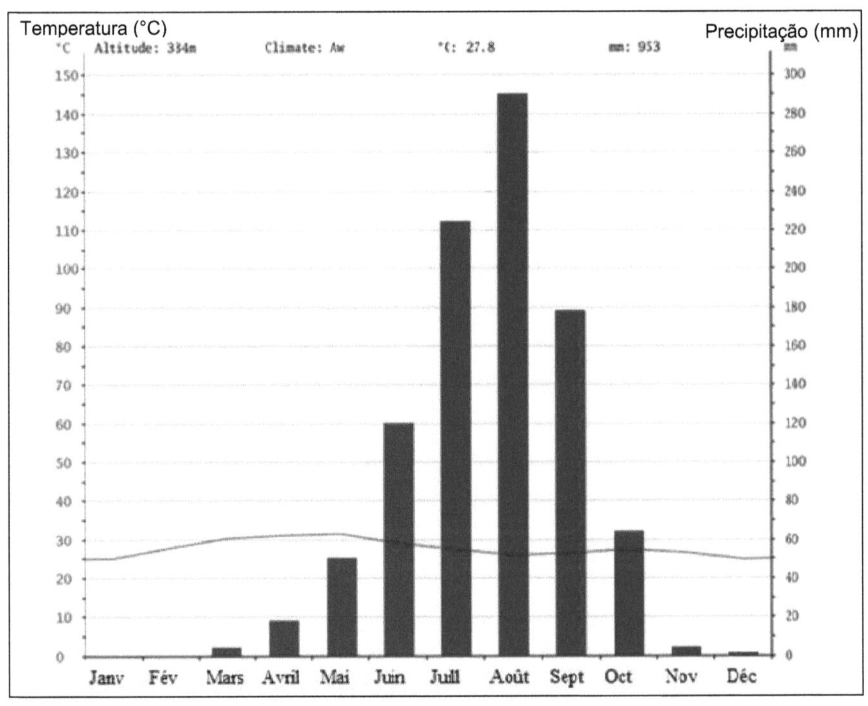

Figura 2D iagrama umbro-térmico para Bamako (Service Météo 2010)

Fonte : https://images.climate-data.org/location/500/temperature-graph.png

1.1.3 Relevo e solo

Com uma topografia relativamente plana, o Mali é constituído por planaltos e planícies, com sistemas de dunas bem desenvolvidos no norte e no leste (Maïga, 2012).

O relevo de Bamako caracteriza-se por uma predominância de planaltos de arenito e de colinas de granito. A sua morfologia está ligada à sua geologia. Como esta parte de África sofreu apenas movimentos tectónicos insignificantes, o relevo é constituído principalmente por camadas geológicas que foram expostas pela erosão diferencial (Diarra, 2003). A figura 3 mostra o relevo de Bamako.

O distrito de Bamako está situado nas planícies do Níger. Por conseguinte, a maior parte dos solos são constituídos por mangas finas, argila siltosa ou silte arenoso e arenito duro em alguns locais (Maïga, 2012).

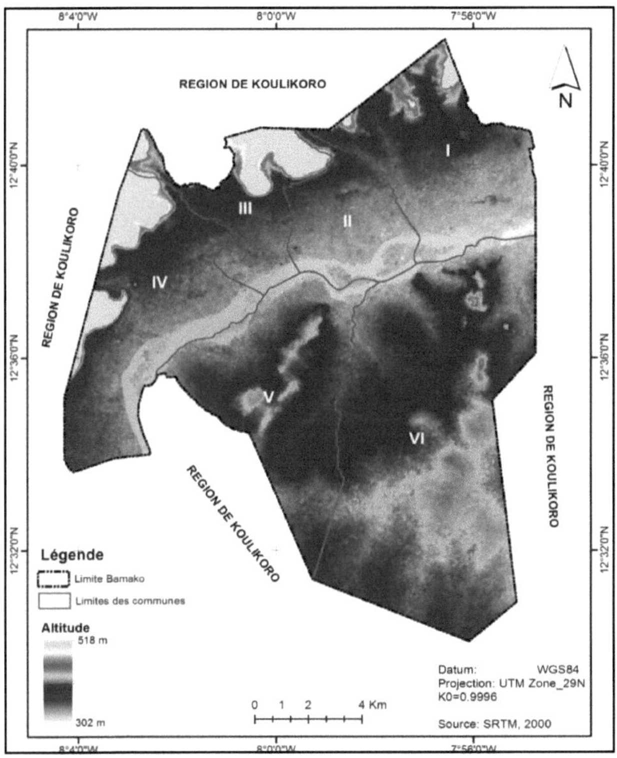

Figura 3 Mapa de relevo (Fonte: SRTM, 2000)

1.1.4 Hidrografia

A hidrologia do distrito de Bamako é marcada por águas superficiais, dominadas pelo rio Níger. O rio divide a cidade de Bamako em margens esquerda e direita. O caudal do rio varia logicamente com a precipitação regional. Atinge o seu pico durante os meses de inverno, agosto e setembro, e o seu vale durante a estação seca. A Figura 4 mostra o caudal médio mensal do rio. Dados produzidos pela estação hidrológica de Bamako. O rio é de importância vital para a população local, uma vez que é utilizado para a horticultura, pesca, irrigação, extração de areia e tinturaria.

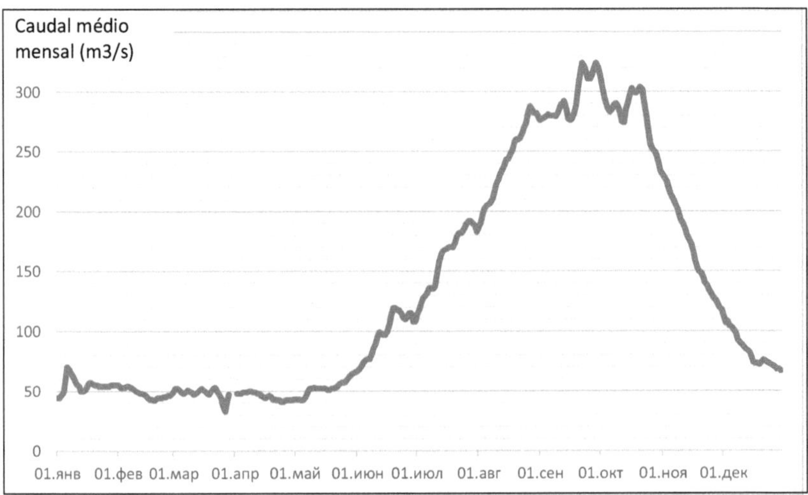

Figura 4 Caudais médios mensais (em m3/s) em 2017. Estação hidrológica de Bamako
Fonte: Diretion National d'Hydraulique (2017)

1.2 Ambiente humano

1.2.1 Panorama histórico

As origens de Bamako remontam a 1640, quando a cidade recebeu o nome de BAMBA SANOGO, um caçador que ocupava o local com o seu acampamento de caça (Maïga, 2012).

O desenvolvimento de Bamako explica-se pela posição geográfica desta pequena aldeia de quatro bairros (Bagadadji, Niaréla, Bozola e Dravéla), situada na encruzilhada do Norte e do Sul e, por conseguinte, de civilizações diferentes (Diarra, 1999).

1.2.2 Contexto demográfico

O distrito de Bamako cobre uma área total de cerca de 18.000 hectares. A cidade registou um forte crescimento de 5,97% entre 1997 e 2002 (INSTAT, 2009).

Parte do crescimento populacional bastante forte em Bamako pode ser explicado pela taxa de fertilidade relativamente elevada das mulheres de Bamako e também pela queda da taxa de mortalidade.

No entanto, a migração desempenha um papel dominante. O crescimento da população nos arredores de Bamako é alimentado pela migração. 87% dos migrantes provêm do interior do país. A idade média dos migrantes quando chegam a Bamako é de cerca de 20 anos (Maïga, 2012). A urbanização no Mali regista grandes disparidades regionais. Em 2004, Bamako representava 32,7% da população urbana total do país. A taxa de crescimento anual da população de Bamako foi estimada em cerca de 5,8% (Konaté, 2011). A dinâmica demográfica de Bamako foi acompanhada por uma dinâmica espacial. A emergência de bairros espontâneos é considerada como um sinal revelador da urbanização (Konaté, 2011). A figura 5 mostra a evolução demográfica de Bamako por comuna.

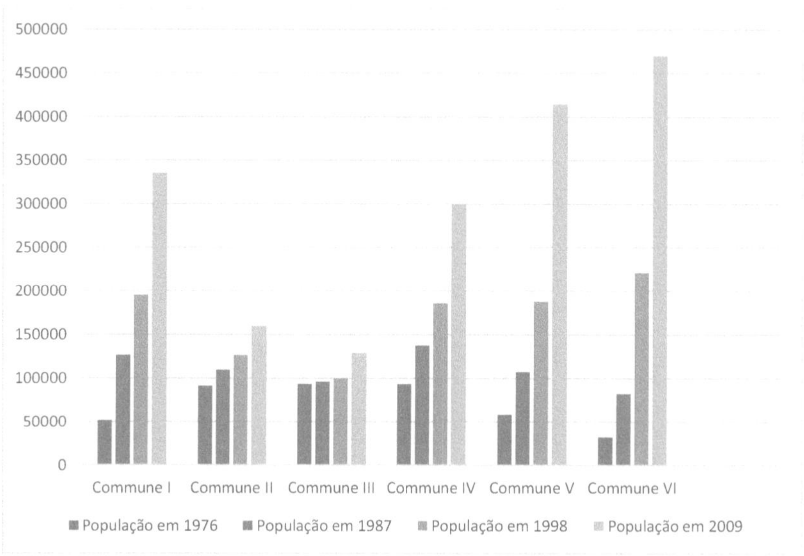

Figura 5 Evolução demográfica nas comunas de Bamako de 1976 a 2009
Fonte: Direção Nacional de Estatística e Informação (2009)

1.2.3 Quadro económico
A economia do distrito de Bamako é caracterizada pelos sectores agrícola e comercial.

O sector agrícola é dominado pela horticultura comercial. Os rendimentos da horticultura comercial desempenham um papel decisivo no equilíbrio económico da exploração familiar.

De acordo com os resultados do inquérito sobre o consumo orçamental de 1988-1989 (DNSI, 1994), Bamako é atualmente um grande consumidor de produtos hortícolas, nomeadamente frutas e legumes.

O comércio no distrito de Bamako é dominado por pequenos retalhistas baseados em centros comerciais e bairros. Os grossistas e semi-grossistas estão concentrados principalmente no centro da cidade. Os mais importantes são os que vendem peças sobresselentes para motociclos, produtos alimentares, hidrocarbonetos e tecidos. Com base na produção patenteada, o distrito de Bamako representa cerca de 70% da atividade comercial e mais de 86% das importações e exportações do país (Maïga, 2012).

CAPÍTULO 2: INFORMAÇÕES GERAIS SOBRE AS PLANTAS AQUÁTICAS INVASIVAS (PIA) E O CONCEITO DE TELEDETECÇÃO-SIG

2.1 Caraterísticas das plantas aquáticas invasoras (VAE)

2.1.1 Jacinto-de-água (*Eichhornia crassipes*)

O jacinto de água, conhecido como *Eichhornia crassipes,* é uma planta aquática flutuante e invasora. De acordo com Qaiser *et al* (2005), é uma planta herbácea perene pertencente ao filo das espermáfitas, subfilo das angiospérmicas (*Magnoliophyta*), classe das monocotiledóneas (*Liliopsida*), subclasse *Commelinidae*, ordem *Pontederiales*, família *Pontederiaceae*.

2.1.1.1 Origem do jacinto de água

De acordo com Barret e Forno (1982), o jacinto é originário da América do Sul. Foi a partir desta zona que foi introduzido acidentalmente ou intencionalmente pelo homem em várias partes do mundo. Posteriormente, foi encontrado na América do Norte e Central, na Ásia, na Índia, na Austrália e na Nova Zelândia.

Em África, foi assinalado pela primeira vez no Delta do Nilo no início do século XX (Holm *et al,* 1977). No Mali, a sua presença remonta a 1990, em torno da cidade de Bamako (Dembélé, 1994). A partir desta altura, invadiu o curso do rio Níger e representa uma ameaça para as massas de água do país.

2.1.1.2 Descrição do jacinto de água

O jacinto de água é uma planta hidrófita de vida livre, flutuante e estolonífera. Morfologicamente, o jacinto de água pode variar consideravelmente em termos de forma, cor, folhas e flores (Dagno *et al,* 2007). Pode atingir 30 cm a 1 m de altura (Fortier, 2007). As folhas são coriáceas com uma lâmina cordada com nervuras paralelas de cor verde clara brilhante (IER, 2012).

O pecíolo (5 cm de diâmetro e 30 a 50 cm de comprimento) é um flutuador cónico em condições de elevada densidade de plantas. As sementes são produzidas em grande número em cápsulas, e cada cápsula pode conter até 300 sementes (Rutabagaya, 2017).

A inflorescência é uma espiga terminal, constituída por 10 a 30 flores com 6 pétalas de cor azul-violeta ou rosa-violeta, com uma marca amarela no centro. As raízes são negras, pendentes e compridas, formando-se por baixo da roseta formada pelas folhas na base dos nós.

As raízes têm muitos pêlos absorventes. De acordo com Ranarijaona *et al* (2013) e Pocquet *et al* (2015), são resistentes a longos períodos de seca e germinam assim que são imersas em água.

2.1.1.3 Ecologia e biologia vegetal

O jacinto de água é uma planta flutuante de crescimento rápido por excelência. Tem também a capacidade de se adaptar à vida em terra, em caso de águas muito baixas. Os jacintos multiplicam-se principalmente por via vegetativa a partir de estolhos dispersos pelas correntes (Navarro e Phiri, 2000). A propagação vegetativa é muito importante em novos locais de infestação. As novas plantas são produzidas a partir do alongamento de estolhos causado pela divisão de meristemas axilares na planta-mãe (Dagno *et al*, 2007). Os clones, muito frágeis, permanecem ligados à planta-mãe pelos estolhos, depois desprendem-se sob a pressão das correntes de água, permitindo que novos indivíduos colonizem outras zonas (Oumarou *et al*, 2008). O jacinto produz sementes em grandes quantidades, 5.000 sementes por planta (Navarro e Phiri, 2000). Segundo Gopal (1987), as sementes são consideradas como o principal fator de multiplicação da planta. O caule florido inclina-se na água e as sementes afundam-se no fundo, onde podem viver vários anos (15 a 20 anos) sem perder o seu poder germinativo (Rutabagaya, 2017).

2.1.2 Feto aquático ou Salvinia molesta

A segunda planta aquática invasora que encontrámos no rio no Distrito de Bamako é o feto aquático. É menos comum do que o jacinto de água, mas constitui um perigo para o rio.

2.1.2.1 Origem e história

Esta planta é originária do sudeste do Brasil. Entre 1972 e 1990, invadiu progressivamente muitos rios da América, da Ásia e da Austrália. A sua presença foi registada em mais de 20 países (Sané, 2001).

No Mali, *a Salvinia molesta* foi observada em 2000 na margem direita do rio Níger, no distrito de Bamako (Dembélé, 1994).

2.1.2.2 Descrição da *Salvinia molesta*

Caracteriza-se por folhas verdes arredondadas que flutuam em massas de água invadidas. A superfície superior das folhas é invadida por uma rede de pêlos longos, rígidos e impermeáveis que permitem a flutuação das folhas. A forma de guarda-chuva da parte superior destes pêlos é uma caraterística específica (CEDEAO, 1996).

2.1.2.3 Biologia e ecologia vegetal

A Salvinia molesta propaga-se muito rapidamente por reprodução vegetativa a partir de gomos auxiliares. É uma planta agressiva e competitiva. A planta pode cobrir completamente as massas de água com um tapete espesso. À medida que a densidade da planta aumenta, ela espalha-se em poços e bacias de rios de fluxo lento e canais de irrigação (Dembélé *et al*, 1999).

2.2 Proliferação de plantas aquáticas invasoras

A poluição das águas é a principal causa da proliferação de plantas aquáticas invasoras. O grau de infestação de uma massa de água por plantas flutuantes nocivas depende essencialmente da disponibilidade ou da ausência de necessidades nutricionais e das condições ecológicas favoráveis à sua proliferação (Ouédraogo, 2000).

Na cidade de Bamako, os jacintos proliferam onde os poluentes agrícolas, industriais e domésticos são descarregados no rio através de canais de drenagem de águas pluviais ou de águas residuais, sem qualquer forma de tratamento (Figura 6 abaixo). Isto enriquece o rio com azoto e fósforo, os principais componentes da matéria orgânica. Este ambiente é ideal para a proliferação da planta.

Outro fator muito favorável à proliferação de plantas aquáticas invasoras é a ausência de inimigos naturais e também a ausência de plantas competidoras. A elevada capacidade reprodutiva do jacinto de água forma um espesso tapete flutuante que impede a luz de chegar às plantas submersas, impedindo assim a fotossíntese (IER, 2012). Substitui facilmente as plantas aquáticas autóctones.

O perigo da proliferação de plantas aquáticas invasoras é também representado pela dificuldade de acesso à água por parte das populações locais.

Figura 6Depósito de lixo na margem do rio no bairro de Bozola (Bamako). Fonte: (Foto TANGARA Abou, setembro de 2018)

2.3 Diferentes formas de combater as plantas aquáticas invasivas

- Controlo biológico

A luta biológica é a utilização de organismos vivos e dos seus produtos para prevenir ou reduzir as perdas ou danos causados por pragas (Jiménez e Maricella, 2016). O controlo biológico de infestantes baseia-se na utilização de inimigos naturais do hospedeiro, de modo a reduzir a população para limites em que não cause danos económicos. Vários organismos foram estudados para o controlo biológico das infestações de jacinto de água. No Mali, duas espécies de gorgulhos foram utilizadas para o controlo biológico. Trata-se dos escaravelhos *Neohydronomus affinis* e *Neochetina bruchi* (IER, 2012).

- Controlo físico (mecânico)

A remoção mecânica das plantas aquáticas é geralmente considerada como a melhor solução a curto prazo. No entanto, é dispendiosa, uma vez que implica a utilização de gruas terrestres. Podem também ser utilizadas linhas de arrasto ou máquinas aquáticas, como ceifeiras e dragas flutuantes. Apesar disso, estes métodos só são adequados para áreas relativamente pequenas. Estas técnicas precisam de ser apoiadas por veículos que se deslocam em terra ou na água para transportar as grandes quantidades de ervas daninhas removidas (CEDEAO, 2003). O custo relativamente elevado da aquisição e manutenção destas máquinas pode comprometer os efeitos positivos mas limitados e temporários do método.

- Controlo físico (manual)

Este é o principal método de controlo utilizado no Mali (IER, 2012). O controlo manual é possível em zonas de fácil acesso e pouco profundas, como canais de irrigação e valas. A melhor altura para o controlo manual é a estação seca (janeiro a março). Deve ser efectuado em colaboração com a população local. Só a sua participação pode garantir a sustentabilidade desta forma de controlo.

- Controlo químico

Esta técnica consiste na aplicação de substâncias químicas (herbicidas) que alteram o metabolismo e o crescimento das plantas, provocando a sua morte.

Esta forma de controlo é um último recurso. Os inconvenientes deste método estão principalmente ligados ao ambiente e à saúde, nomeadamente quando as pessoas bebem a água infestada. O método não oferece uma solução permanente para a infestação de ervas daninhas.

- Controlo biológico e manual integrado (recomendado)

O controlo biológico será a solução permanente, enquanto o controlo físico será utilizado como solução a curto prazo para pequenas áreas infestadas localizadas. O controlo físico será utilizado para reforçar o controlo biológico numa base regular, o que ajudará a manter o problema sob controlo, tanto quanto possível, a curto prazo. A gestão integrada das pragas será apoiada pelo tratamento dos efluentes residuais e pelo controlo da qualidade da água (gestão das bacias hidrográficas), para reduzir os nutrientes adicionados à água (CEDEAO, 1996).

A campanha de sensibilização do público para a possível utilização de plantas aquáticas invasoras após a sua remoção poderá incentivar a participação da comunidade local no programa de controlo. O controlo mecânico será considerado se os custos e a manutenção das máquinas forem suportáveis para o país. Se este não for o caso, o controlo manual é recomendado no programa de gestão integrada de pragas, quando o método mecânico corre o risco de isolar a participação das comunidades locais, particularmente das mulheres, no controlo das ervas daninhas (CEDEAO, 1996).

2.4 Impactos negativos e positivos das plantas aquáticas invasoras

2.4.1 Impactos negativos s

Uma das consequências mais marcantes para o rio é a eutrofização. Trata-se de um processo natural pelo qual as massas de água recebem grandes quantidades de nutrientes, nomeadamente fósforo e azoto (Hade, 2002). O crescimento excessivo de plantas aquáticas forma uma camada verde no rio, sugerindo que, por baixo, existe uma massa de água com vida aquática ameaçada pela eutrofização.

A nível ambiental: provoca uma alteração substancial das propriedades físicas e químicas da água (Castillon, 2005). Polui a atmosfera porque a sua decomposição anaeróbica na água emite metano, um poderoso gás com efeito de estufa (GEE) (Traoré, 2006).

Do ponto de vista económico: representa uma séria ameaça para a produção agrícola, ao bloquear os canais de irrigação e os sistemas de drenagem. Prejudica a pesca ao entupir as redes de pesca e ao reduzir drasticamente os níveis de oxigénio na água e, por conseguinte, o rendimento dos peixes. Reduz igualmente a atividade das centrais hidroeléctricas, comprometendo a quantidade de eletricidade disponível (CEDEAO, 2003).

Saúde: cria um ambiente favorável aos mosquitos e favorece o desenvolvimento de certas doenças, como a malária e a bilharziose (Navarro e Phiri, 2000).

2.4.2 Impactos positivos

Embora seja prejudicial para o ecossistema, o jacinto de água também tem propriedades que podem ser exploradas. De acordo com estudos de Saunders (2013) realizados na China, o jacinto de água é utilizado para eliminar odores desagradáveis. Castillon (2005) também demonstrou que o composto produzido a partir desta planta aquática é um fertilizante que dá um melhor rendimento e é menos dispendioso do que os fertilizantes químicos. É também um alimento para o gado (Traoré, 2006).

2.5 Parâmetros físico-químicos que influenciam o desenvolvimento de plantas aquáticas invasoras

- **Parâmetros físicos**

Os parâmetros físicos considerados são a temperatura, a condutividade, o pH, o oxigénio dissolvido e a profundidade da massa de água (Justine, 2017). O crescimento do jacinto é muito forte durante os períodos de águas altas, quando a planta flutua na água (Komelan, 1999) e floresce a uma temperatura de 20 a 30°C. A sua tolerância ao pH é estimada em 5 a 7,5 (Jardin, 2015).

- **Parâmetros minerais**

Os minerais que desempenham um papel no desenvolvimento das plantas aquáticas invasoras, nomeadamente o jacinto, são os nitratos, os fosfatos, o potássio e o sódio (Justine, 2017).

- **Parâmetros orgânicos**

A disponibilidade de matéria orgânica na água, combinada com outros factores, favorece o crescimento de plantas aquáticas invasoras. O excesso de matéria orgânica é uma fonte de poluição e asfixia no meio aquático (Hassane, 2010).

2.6 Dados de observação da Terra e o estudo de plantas aquáticas invasoras

A deteção remota é considerada uma fonte de dados espaciais. As imagens de satélite permitem medir e monitorizar sistematicamente o estado do coberto vegetal a diferentes escalas espaciais e temporais (Jacquin, 2010).

As plantas aquáticas invasoras foram cartografadas por Jean (2018), no estudo da variação da dinâmica das plantas aquáticas invasoras no lago Tengréla, no Burkina Faso, utilizando a teledeteção. Este estudo foi efectuado utilizando uma série de imagens de satélite MODIS de 2000 a 2017. Os resultados deste estudo foram satisfatórios, uma vez que o satélite MODIS foi capaz de destacar as estações de ocupação de plantas aquáticas invasoras no lago.

A deteção remota oferece muitas possibilidades de cartografia, análise e gestão de plantas aquáticas invasoras. Dada a importância da deteção remota na análise espacial, este estudo pode ser útil a vários níveis:

➢ para compreender a dinâmica de colonização das plantas aquáticas invasoras;

➢ planear medidas de intervenção para combater as plantas aquáticas durante a sua fase de regressão;

➢ apoio à tomada de decisões para estratégias de gestão de plantas aquáticas invasivas.

Para tal, o papel da teledeteção na dinâmica das plantas aquáticas invasoras é, sem dúvida, essencial. A análise espacial e temporal utilizando dados de observação da terra mostra as várias mudanças que ocorreram na luta contra as plantas aquáticas invasoras.

2.7 O CONCEITO DE TELEDETECÇÃO E GIS

2.7.1 Definições de teledeteção :

A deteção remota a partir do espaço é uma disciplina científica que integra um vasto leque de competências e tecnologias utilizadas para a observação, análise e interpretação de fenómenos terrestres e atmosféricos com base em medições e imagens obtidas através de plataformas aéreas e espaciais. Envolve a aquisição de informação à distância, sem contacto direto com o objeto em estudo (Francisco *et al,* 2013).

De acordo com Boulerie (2008). "É o conjunto dos conhecimentos e das técnicas necessárias para interpretar os diferentes "objectos" pelo seu comportamento espetral (luz e cor) e pela sua distribuição no espaço terrestre através de medições específicas efectuadas à distância".

Além disso, a deteção remota é o resultado da interação entre três elementos fundamentais: uma fonte de energia, um alvo e um sensor, e consiste em medir um sinal eletromagnético emitido ou refletido por um alvo. A fonte pode ser o sol ou um satélite, consoante o tipo de energia a captar (Amina, 2012).

A deteção remota passiva baseia-se na energia natural - a luz solar reflectida na superfície da Terra.

A teledeteção ativa utiliza a energia emitida pelos satélites e reflectida para os satélites pela superfície da Terra.

2.7.2 Evolução técnica

Graças aos progressos técnicos da teledeteção nas últimas décadas, os dados de observação da Terra provenientes de sensores a bordo de aviões ou de naves espaciais são cada vez mais diversificados (monitorização dos recursos vegetais, da precipitação, da atmosfera, etc.) e estão rapidamente disponíveis (Toukiloglou, 2007; Dubreuil, 2010; Diwakar *et al,* 2013). Estes dados de teledeteção são, na maioria das vezes, disponibilizados pela primeira vez sob a forma de imagens. A interpretação de uma imagem de satélite baseia-se principalmente no pressuposto de que é possível reconhecer um certo número de elementos presentes na superfície terrestre a partir dos valores de luminância destes objectos nas diferentes janelas do espetro eletromagnético. Os dados fornecidos pelos satélites de observação da Terra são definidos sobretudo por três caraterísticas principais (Caloz e Collet, 2001).

- **resolução espacial:** é a capacidade do sensor para distinguir entre dois objectos que estão próximos um do outro. É expressa em termos de tamanho do pixel.
- **resolução temporal:** refere-se à frequência com que as imagens são adquiridas num local constante. É o período necessário para que o satélite volte a visitar o mesmo local (ciclo orbital completo).
- **resolução espetral:** é a menor largura da banda espetral registada pelo sensor. Existem dois modos de resolução espetral: o modo pancromático, que inclui uma banda larga de

frequências espectrais com baixa resolução espetral, e o modo multiespectral, que inclui várias bandas de frequências espectrais com alta resolução.

2.7.3 Processamento de dados

Uma imagem de satélite é constituída por componentes elementares denominados "pixéis", cujo valor é definido pela medida da radiância média. A maioria dos programas informáticos de teledeteção processa os pixels um a um com base nas suas propriedades espectrais (Bontemps, 2004).

O desenvolvimento das tecnologias tornou possível a obtenção de imagens de muito alta resolução, o que levou a uma mudança na forma como os dados de satélite são processados. O número de pixels mistos, contendo vários objectos ou partes de objectos, foi muito reduzido, facilitando a interpretação das assinaturas espectrais. Estas imagens de muito alta resolução põem mesmo em causa a pertinência da escala de análise, que já não é necessariamente a mesma do pixel (Pekkarinen, 2002).

Foi desenvolvido um novo método para melhor processar esta nova informação: a classificação ou segmentação contextual. Este método integra a informação contextual e espacial. Os pixels continuam a ser analisados com base nas suas propriedades espectrais, mas também com base nas relações que mantêm com os seus vizinhos. A imagem é dividida em várias regiões, cuja dimensão é superior à do pixel, sendo os critérios de agrupamento a proximidade, a repetibilidade, a superfície, a forma e uma certa homogeneidade da textura (Lillesand e Kiefer, 1994; Pekkarinen, 2002). Esta abordagem pode ser muito útil para o tratamento de imagens de muito alta resolução.

Para facilitar e otimizar a classificação, é importante selecionar as bandas espectrais mais interessantes, ou seja, as mais discriminantes. Para o efeito, é necessário conhecer o comportamento espetral dos elementos a distinguir. A reflectância de um solo nu, por exemplo, é geralmente pouco afetada pelo comprimento de onda, mas o teor de humidade, a concentração de matéria orgânica, a percentagem de ferro e a textura são importantes.

A água, por outro lado, tem uma assinatura espetral com três bandas de absorção, $1,45\mu m$, $1,9\mu m$, $2,7\mu m$; isto pode ser visto na vegetação em maior ou menor grau, dependendo da concentração de água no tecido foliar (Bonn e Rochon, 1992). A assinatura espetral da vegetação mostra dois comportamentos completamente opostos na gama do visível, particularmente no vermelho, e na gama PIR, com a transição entre as duas resultando num aumento súbito da reflectância.

2.8 SISTEMA DE INFORMAÇÃO GEOGRÁFICA (GIS)

"Um SIG é um conjunto de dados referenciados espacialmente, estruturados de forma a facilitar a extração de resumos para utilização na tomada de decisões" (Didier, 1990).

Segundo a Société française de photogrammétrie et de télédétection, "um SIG é um sistema informático que permite, a partir de diversas fontes, recolher, organizar, gerir, analisar, combinar, preparar e apresentar informações geograficamente localizadas, contribuindo nomeadamente para a gestão do território".

De acordo com konecny (2003). "Um SIG, numa definição restrita, é um sistema informático para a captura, manipulação, armazenamento e visualização de dados espaciais digitais. Numa definição mais ampla, é um sistema digital para a aquisição, gestão, análise, modelação e visualização de dados espaciais para fins de planeamento, administração e controlo do ambiente natural e para aplicações socioeconómicas".

2.8.1 Funcionalidades do SIG

Os SIG são criados para responder a diferentes exigências. Existem cinco (5) funcionalidades nos SIG (Yacine, 2018).

- **abstração:** conceção de um modelo que organiza os dados por constituintes geométricos e atributos descritivos, permitindo igualmente estabelecer relações entre objectos.
- **aquisição:** o software deve dispor de funções de digitalização e de importação de dados.
- **arquivamento**: o software deve ter uma grande capacidade de armazenamento de dados.
- **análise:** capacidade de analisar dados geográficos (métodos quantitativos e estatísticos).
- **visualização:** capacidade de apresentar informações geográficas sob a forma de mapas, quadros e gráficos.

2.8.2 Formas de representação da informação geográfica num SIG

Existem duas formas de representar a informação geográfica num SIG (http://www.ign.fr).

modo raster: a realidade é dividida numa grelha retangular regular, organizada em linhas e colunas, em que cada pixel da grelha tem uma escala de cinzentos ou uma cor.

modo vetorial: os limites dos objectos espaciais são descritos utilizando as suas componentes elementares, ou seja, pontos, arcos e polígonos. A cada objeto espacial é atribuído um identificador que pode ser utilizado para o ligar a uma tabela de atributos.

- **ponto:** O ponto representa qualquer caraterística geográfica cujas dimensões à escala não podem ser tidas em conta.
- **arco (linha):** representa qualquer caraterística geográfica cujo comprimento pode ser tido em conta sem a sua largura.
- **polígono:** é qualquer elemento geográfico cujas dimensões podem ser consideradas na sua representação.

CAPÍTULO 3: MATERIAL E DADOS

3.1 EQUIPAMENTO

Nesta secção, abordaremos os instrumentos utilizados para recolher dados no terreno e o software utilizado para efetuar as várias operações de processamento.

3.1.1 Instrumentos utilizados

Utilizámos o seguinte equipamento para realizar o nosso trabalho. Trata-se de :

- um GPS (Sistema de Posicionamento Global) GARMIN etrex 10 para as coordenadas;
- uma câmara digital para tirar fotografias ;
- um bloco de notas ;
- uma piroga e um colete salva-vidas para a travessia dos rios;
- um computador ASUS CORE i3 de 64 bits para processamento de dados.

3.1.2 Software ou ferramentas de processamento

Foi também utilizado o seguinte software:

- ENVI 5.3 para processamento de imagens ;
- ArcGIS 10.2 para produção de mapas ;
- Excel 2016 para análise estatística e Word para processamento de texto.

3.2 DADOS

3.2.1 Dados de satélite

As imagens de satélite utilizadas neste estudo são imagens LANDSAT (ETM+ e OLI). Estas imagens foram descarregadas da aplicação web "Earthexplorer" do USGS (https://earthexplorer.usgs.gov) no sistema de projeção UTM Zona 29. Foram utilizadas três imagens por ano de estudo para produzir os vários mapas de cobertura vegetal aquática entre 2000 e 2018.

Quadro I: dados de entrada.

Imagens	Cenas (Caminho/Linha	Data de aquisição
LANDSAT Mapeador Temático Avançado (ETM+) 2000	196-56	17/03/2000
		05/06/2000
		13/09/2000
Mapeador Temático LANDSAT Enhance (ETM+) 2006	196-56	11/03/2006
		22/06/2006
		01/09/2006
LANDSAT Mapeador Temático Avançado (ETM+) 2012	196-56	08/03/2012
		15/06/2012
		15/06/2012
Imagem Operacional da Terra LANDSAT 8 (OLI) 2018	196-56	19/03/2018
		02/06/2018
		02/09/2018

3.2.2 Dados cartográficos

Os dados cartográficos utilizados neste estudo provêm da base de dados do IGM (Institut Géographique du Mali). Estes são constituídos por dados vectoriais (limites da zona de Bamako, estradas e quarteirões).

CAPÍTULO 4: MÉTODOS

4.1 Aquisição de imagens de satélite

As datas escolhidas para a aquisição de imagens são muito importantes no estudo das alterações da paisagem com base em dados de satélite (Benvenuti, 1996; Girard e Girard, 1999; Oszwald *et al*, 2007; Daoudi *et al*, 2009).

As imagens foram escolhidas de acordo com o nível de água do rio Níger no distrito de Bamako. Uma curva do nível de elevação (costa média diária) do rio na estação de Bamako, obtida da Diretion Nationale d'Hydraulique em Bamako, foi utilizada para determinar os caudais médios mensais do rio Níger.

No entanto, a escolha dos períodos de aquisição de imagens (março, junho, setembro) foi feita de forma a ter um melhor conhecimento das plantas aquáticas invasoras durante o período de águas baixas do rio, que corresponde a março, durante o período de águas altas (junho) e quando o rio atinge o seu nível máximo (setembro). Assim, utilizámos a curva de elevação (subida média diária) do rio na estação de Bamako para identificar estes períodos.

4.2 Pré-processamento de imagens de satélite Landsat

As imagens já foram corrigidas geometricamente pelo USGS (U.S. Geological Survey) antes da publicação. As operações de pré-processamento efectuadas limitaram-se às correcções radiométricas e atmosféricas, bem como à extração da janela de estudo.

> **Correção radiométrica**

A correção radiométrica é importante para a imagem, pois permite converter os valores dos pixels da imagem (contagem digital) em valores de reflectância. Por conseguinte, as diferentes bandas das imagens foram calibradas. Esta calibração consiste em normalizar a intensidade do sinal para efetuar uma análise multitemporal e comparar as imagens. Esta tarefa foi efectuada com o software ENVI 5.3.

> **Correção atmosférica**

Esta correção atmosférica reduz os efeitos do comportamento da atmosfera (quantidade de vapor de água, distribuição dos aerossóis) sobre a radiação electromagnética.

O método que utilizámos é o que envolve os parâmetros do sensor no momento da filmagem, denominado método FLAASH, pelo que a ferramenta de correção atmosférica FLASH do ENVI 5.1 nos permitiu realizar este trabalho.

> **Nitidez panorâmica (fusão de imagens)**

A fusão de imagens é um procedimento amplamente utilizado para combinar a banda de resolução fina das imagens pancromáticas com as bandas multiespectrais de resolução média das imagens de satélite. O objetivo é obter uma boa perceção dos detalhes terrestres (Yuhendra *et al.*, 2012).

O processo é conhecido como "Pan Sharpening" (nitidez panorâmica). Existem vários algoritmos de "Pan Sharpening" diferentes, consoante o grau em que maximizam a nitidez da imagem (Maurer, 2013).

No entanto, utilizámos a técnica de Gram-Schmidt, que é uma das mais precisas. Baseia-se numa função de resposta espetral do sensor original que estima as caraterísticas da banda pancromática de entrada. Mais concretamente, de acordo com Maurer (2013), a operação é a seguinte.

❖ Simulação da banda pancromática utilizando bandas multiespectrais

$$Pan_{Sim} = \sum_{k=1}^{n} w_k \, MS_k$$

- **Equação 1:** Pan-Sharpening. Fonte: Maurer, (2013).

$_{Simk}$**Pan** : Banda pancromática simulada; **MS** : Banda multiespectral k ;

Wk: coeficientes de ponderação **n:** número de bandas multiespectrais.

K ∈ [1; n]: número da banda multiespectral.

❖ Aplicar a transformação de Gram-Schmidt à banda pancromática simulada e às bandas espectrais, introduzindo primeiro a banda pancromática simulada.

A equação seguinte dá os coeficientes da transformação de Gram-Schmidt.

$$GS_{kl} = \frac{< MS_k' | MS_l >}{< MS_k' | MS_k' >} = \frac{\sum a_i^l < MS_i | MS_k >}{\sum \sum a_i^l a_j^l < MS_i | MS_j >}$$

Equação 2: Coeficiente de transformação de Gram Schmidt. Fonte: (Maurer, 2013)

(**GS:** coeficiente de Gram-Schmidt; **MS:** banda multiespectral; **a:** vetor de pesos)

> troca da banda pancromática com a primeira banda Gram-schmidt.

> aplicação da transformação inversa de Gram-Schmidt para formar as novas bandas espectrais melhoradas.

As imagens Landsat ETM+ e OLI 2018 têm cada uma bandas pancromáticas com uma resolução espacial de 15m. Por conseguinte, agrupámos as bandas no "Stacking". A sua resolução espacial foi assim melhorada utilizando o algoritmo "Pan-Shaping" (Gram-Schmidt).

> **Extração da área de estudo**

Foram utilizados ficheiros vectoriais da área de Bamako, obtidos do IGM (Institut Géographique du Mali) para delimitar a área de estudo. Os dados consistiam em estradas, quarteirões e o limite do distrito de Bamako. Foram depois aplicados à imagem para extrair a área.

4.3 Melhoria da imagem de satélite e extração de informação sobre a ocupação do solo

4.3.1 Índice de vegetação

O Índice de Vegetação Normalizado utiliza os canais Vermelho (R) e Infravermelho Próximo (PIR). Os diferentes índices de vegetação têm o efeito de aumentar o contraste do tema "vegetação clorofilada" e reduzir o dos outros temas na imagem de satélite. O NDVI (Normalized Difference Vegetation Index) é um dos índices mais utilizados. Varia de -1 a +1 e é calculado através da seguinte fórmula:

$$NDVI = \frac{PIR - R}{PIR + R}$$

Neste estudo, o NDVI foi aplicado às bandas Landsat numa tentativa de isolar as jangadas de vegetação aquática invasora no rio. Como o objetivo era discriminar as plantas aquáticas no leito do rio, esta abordagem inicial foi completada por outros tratamentos: composição cromática e análise de componentes principais (PCA).

4.3.2 Composição cromática

O objetivo desta operação é obter uma síntese de informação que permita uma boa discriminação dos tipos de formação que cobrem a área. Se o NDVI permitiu uma separação entre a ocupação vegetal e a ocupação não vegetal, então o objetivo aqui é destacar as subclasses de vegetação. No entanto, o objetivo aqui é destacar as subclasses de vegetação. Cada banda das imagens de satélite LANDSAT contém informações sobre a área de estudo. Para este estudo, foram utilizadas as seguintes composições de cores (RGB):

* ❖ Para o sensor ETM+, a combinação de bandas de cores falsas é 4-3-2; para os anos 2000, 2006 e 2012.
* ❖ Para o sensor OLI 2018, a combinação de bandas de cores falsas é 5-4-3.

A figura 7 mostra a composição cromática dos dois sensores.

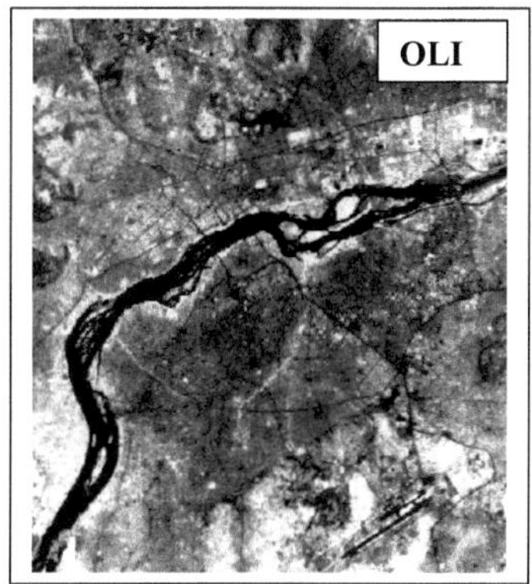

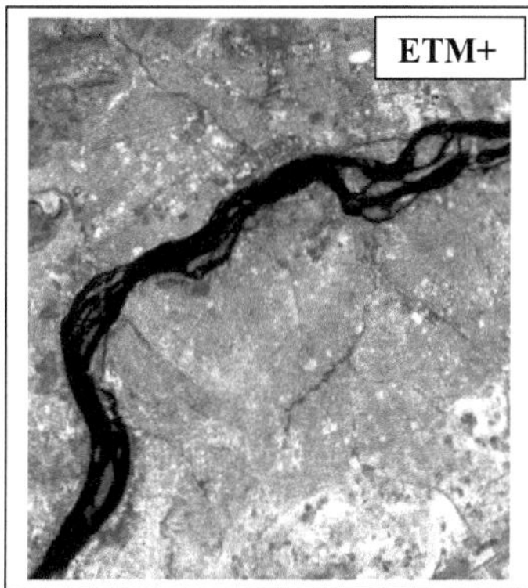

Figura 7: Vista geral das composições de cores "falsa cor" das imagens LANDSAT ETM+ e OLI (bandas 4-3-2 para ETM+ e bandas 5-4-3 para OLI).

4.3.3 Análise de componentes principais (PCA)

Embora as composições de cores nas bandas Landsat ETM+ (4-3-2) e OLI (5-4-3) em bruto se tenham revelado mais discriminatórias do que o índice, foi utilizada outra abordagem para melhorar ainda mais a discriminação da vegetação aquática invasora no leito do rio, em comparação com as duas primeiras abordagens. As bandas espectrais Landsat visível e PIR (Near Infra-Red) contêm informações redundantes. A PCA aplicada às imagens foi, portanto, concebida para melhorar a qualidade visual da imagem, descorrelacionando as bandas espectrais e concentrando a informação nos três primeiros neocanais formados. A composição cromática produzida a partir destes neo-canais revelou-se mais discriminatória para o habitat de solo nu, água, vegetação aquática e vegetação terrestre.

4.4 Missão de recolha de dados

No terreno, o objetivo era destacar as plantas aquáticas invasoras no leito do rio Níger no distrito de Bamako. O objetivo era identificar os locais de infestação permanente a fim de descrever as formações vegetais, nomeadamente as plantas aquáticas. Esta descrição foi possível graças a uma avaliação visual efectuada nos diferentes postos de ocupação permanente. A base para esta missão foi o conjunto de pontos GPS selecionados a partir das imagens depois de melhoradas (total de 10 pontos). As duas margens do rio foram cobertas, bem como o espaço entre a Ponte Fahd e a Ponte dos Mártires. Nestes vários locais, foram observadas as jangadas de vegetação aquática invasora, avaliados os seus diâmetros médios e registadas as suas posições GPS. Por fim, foram tiradas fotografias em cada local para a classificação das imagens e para validar a classe das plantas aquáticas. No total, foram visitados 210 pontos durante a missão de campo.

4.5 Classificação de imagens e mapeamento da distribuição espacial de plantas aquáticas invasoras

4.5.1 Seleção das parcelas de treino

Trata-se da fase de aprendizagem, que consiste em estabelecer regras de classificação com base nos conhecimentos disponíveis a priori (Nabil, 2000). A fim de melhor identificar as diferentes classes de ocupação do solo, as parcelas de treino foram digitalizadas sobre a composição colorida dos neocanais PCA. As parcelas de treino foram selecionadas de forma a obter o maior número possível de pixels representativos da classe de vegetação aquática, tendo o cuidado de não os confundir com a vegetação terrestre. No total, foram selecionados 70 pontos, dos quais 20 para a vegetação aquática invasora, para a classificação da imagem.

4.5.2 Escolha do algoritmo e implementação da classificação

A classificação supervisionada é um método de interpretação de imagens digitais baseado na afiliação dos pixéis a classes temáticas definidas e reconhecidas pelo operador com base no conhecimento do terreno (Lacombe & Sheeren, 2007). Neste método, o número de classes possíveis a definir e a localização espacial de cada classe são conhecidos a partir da informação do terreno. Foram desenvolvidos vários métodos baseados nesta abordagem, como a abordagem conexionista baseada no método das redes neuronais.

Com base no nosso conhecimento comprovado do terreno, utilizámos o algoritmo de "máxima verosimilhança" seguindo a abordagem probabilística na nossa classificação de imagens. Este algoritmo classifica os pixéis desconhecidos calculando, para cada classe, a probabilidade de o pixel pertencer à classe com maior probabilidade.

No entanto, se esta probabilidade não atingir o limiar esperado, o pixel é classificado como desconhecido. De acordo com o estudo de Skupinski *et al* (2009), Shalaby e Tateish R, (2007). Este algoritmo utiliza as estatísticas das amostras das parcelas de treino para calcular a probabilidade de cada pixel pertencer a uma das classes de uso do solo com maior probabilidade.

4.5.3 Classificação dos postos

4.5.3.1 Validação da classificação

A classificação é validada através da análise de uma matriz de confusão. Neste estudo, foi utilizado um total de 140 pontos na fase de validação para produzir a matriz de confusão. Trata-se de sítios visitados que não foram utilizados para a classificação.

De acordo com Toko (2014), a matriz de confusão é uma tabela de dupla entrada, geralmente designada por matriz de contingência. As diferentes classes de referência utilizadas são colocadas nas colunas e as classes utilizadas durante a classificação são incluídas nas linhas. Esta matriz de confusão gera vários índices (Bontemps, 2004):

Exatidão global: Número de objectos bem classificados em relação ao número total de objectos inquiridos.

O coeficiente Kappa: caracteriza a relação entre os pixels bem classificados e o número total de pixels estudados (Skupinski *et al.*, 2009).

O índice Kappa fornece informações sobre a concordância entre os dados a classificar e os dados de referência (Congalton, 1991).

4.5.3.2 Digitalização e representação cartográfica

A digitalização é a fase final do tratamento das imagens de satélite. Trata-se de converter a nossa classificação em modo vetorial (polígonos).

A renderização cartográfica consiste em criar o mapa de ocupação do solo adicionando os elementos semiológicos: o norte geográfico, a legenda, a escala e as coordenadas geográficas.

4.6 Dinâmica de colonização ou ocupação de plantas aquáticas invasoras no leito do rio Níger

Os estudos sobre as alterações do uso do solo são de grande importância, uma vez que permitem conhecer as tendências actuais dos processos de degradação ambiental (Khalid *et al.*, 2016).

Para avaliar a dinâmica da ocupação de um fenómeno, é necessário calcular a taxa média anual de expansão espacial (T). Neste estudo, utilizámos a fórmula de Bernier (1992) citada por Oloukoi *et al* (2006), onde a variável considerada é a área de superfície (S).

A fórmula para calcular este índice é :

$$T = [S2\text{-}S1/t - 1] \times 100$$

Daí que

T= taxa de variação (%)

S1 = área de superfície da classe na data t1

S2 = área de superfície da classe na data t2 (t2 sup t1)

t = número de anos entre as duas datas.

4.7 Avaliação do impacto da dinâmica de colonização das plantas aquáticas no caudal do rio

Este cálculo representa a capacidade de retenção de água para cada classe de utilização do solo através do cálculo do índice **Cr**. A fórmula de cálculo é :

$$Cr = \sum Pi * ai$$

Onde **Pi** é a superfície da área de estudo ocupada pela classe de uso do solo **i**, **ai** é um coeficiente de ponderação que representa a capacidade efectiva de retenção de água. O Quadro II define os **ai** com as classes de uso do solo. Os **ai** foram definidos para cada classe entre 0 (retenção nula) e 2 (retenção máxima). Esta definição significa que o coeficiente **Cr** se situa entre 0 e 200. Se o **Cr** for superior a 100, significa que a bacia é ainda selvagem e tem muito coberto vegetal, não sendo muito propícia à intensificação do escoamento superficial. Por outro lado, se for inferior a 100, então a bacia está muito degradada e propícia a um escoamento significativo (Rachid *et al.*, 2016).

Tabela II: Coeficiente de capacidade de retenção de água para cada uma das classes de ocupação.

Classes de ocupação	ai
Habitat de solo nu	0
Outra vegetação	1
Plantas aquáticas	2

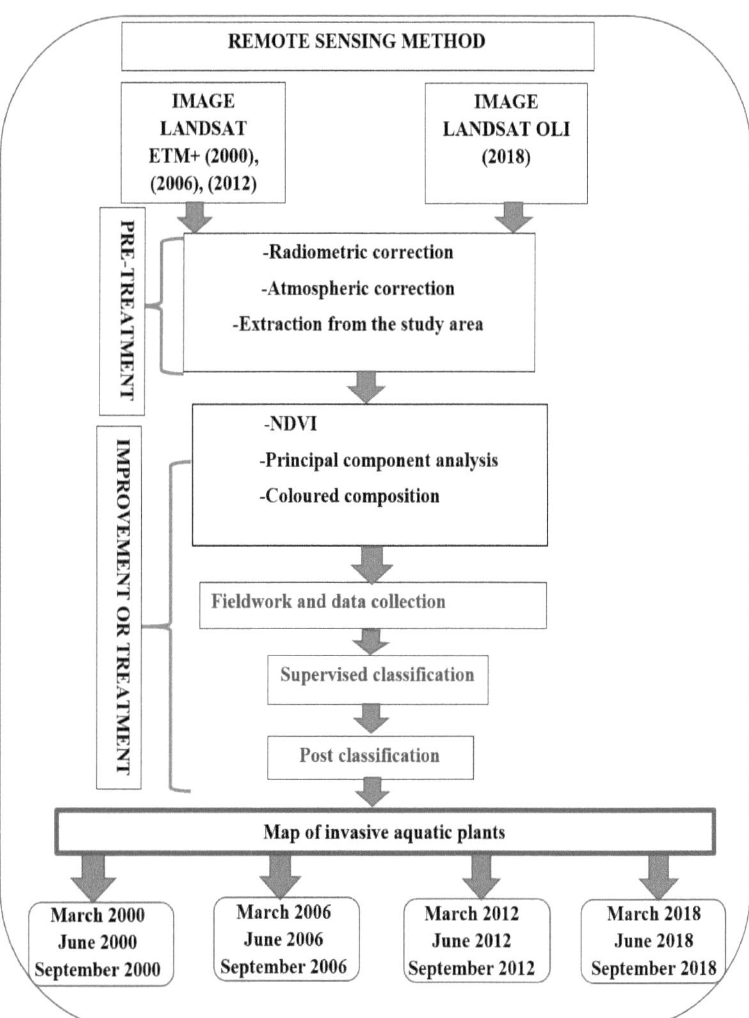

Figura 8: Método de processamento de imagens de satélite

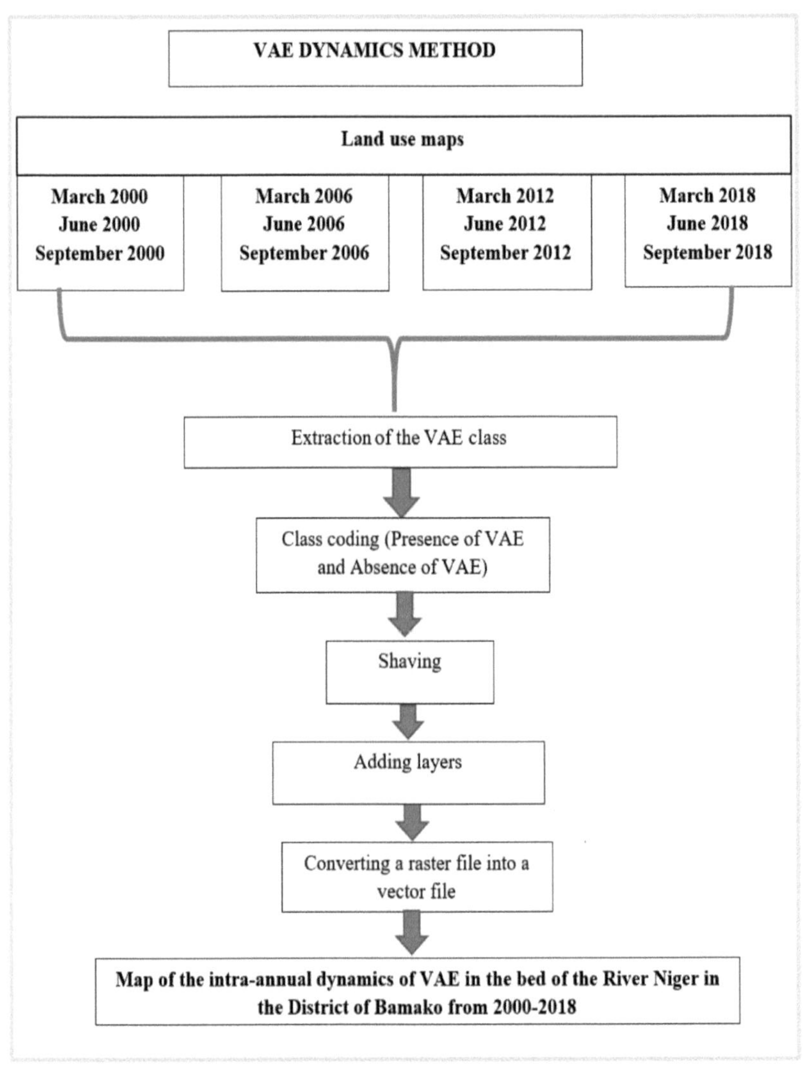

Figura 9: Método de processamento da dinâmica VAE

Conclusão parcial

A deteção remota é uma ferramenta cada vez mais utilizada não só na ciência, mas também noutros domínios. Oferece aos utilizadores um vasto campo de estudo. O pré-processamento e o processamento ou melhoramento de imagens são aplicados sistematicamente a qualquer dado de imagem. A classificação das imagens é efectuada para extrair informações sobre a área a estudar. A deteção remota é essencial para detetar alterações entre imagens de datas diferentes. Assim, foi utilizada neste estudo para ajudar a gerir a dinâmica de colonização das plantas aquáticas invasoras no leito do rio Níger. Nesta base, a metodologia utilizada permitiu elaborar um mapa da ocupação das plantas aquáticas invasoras durante o período de estudo.

CAPÍTULO 5: RESULTADOS

5.1 Mapas de cobertura de plantas aquáticas invasoras para 2000, 2006, 2012 e 2018

5.1.1 Tipos de uso do solo na área de estudo

A zona de Bamako é bem marcada por diferentes unidades de ocupação do solo. Tendo em conta o objetivo do presente estudo, resumimos os tipos de ocupação em quatro (4) classes. A classe 1 representa (habitat de solo nu), a classe 2 (vegetação aquática invasora), a classe 3 (a massa de água aberta do rio Níger) e a classe 4 (outra vegetação).

1- Habitação (construída) - solo nu

O habitat de solo nu inclui todas as construções humanas e zonas não urbanizadas desprovidas de vegetação. A Figura 10 ilustra o habitat de solo nu na zona de estudo.

Coordenadas GPS : X= -7, 99658 ; Y= 12,63139

Figura 10: Habitat (edifícios)-solo nu na zona de estudo

2- Plantas aquáticas

Trata-se de plantas aquáticas invasoras no leito do rio Níger. A figura 11 mostra um local permanente de plantas aquáticas. Este ponto é constituído unicamente por jacinto de água doce, que cobre 80 a 100% da massa de água.

Coordenadas GPS : X= -7, 98935 ; Y= 12, 62648

Figura 11: Plantas aquáticas invasoras na massa de água do rio Níger

3- As águas abertas do rio

Este é o rio Níger no distrito de Bamako. A figura 12 mostra o rio Níger.

Coordenadas GPS : X= -7, 96518 ; Y= 12,63733

Figura 12: Área de superfície de águas abertas no rio Níger

4- Outra vegetação

Isto inclui toda a vegetação lenhosa e herbácea, incluindo a horticultura nas margens do rio Níger. A figura 13 mostra outra vegetação na área de estudo.

Figura 13: Outra vegetação

5.1.2 Avaliação da classificação supervisionada

As matrizes de confusão foram utilizadas para avaliar e validar as classificações (Quadros III, IV, V e VI). A análise destas classificações revela uma boa precisão global para toda a área de estudo. As três primeiras imagens do sensor ETM+, ou seja, a imagem de (2000; 2006 e 2012), apresentam as seguintes exactidões:

- A imagem de (2000) apresenta uma precisão global de 99,07% para março, 89,50% para junho e 90,64% para setembro, com um índice Kappa de 0,98, 0,84 e 0,83, respetivamente.
- Do mesmo modo, a precisão global da imagem (2006) é de 92,32% para março, 90,86% para junho e 95,14% para setembro, com um índice Kappa de 0,86, 0,87 e 0,93, respetivamente.
- Para o ano (2012), a precisão global é de 98,41% para março, 91,71 para junho e 91,96 para setembro, com um índice Kappa de 0,97, 0,86 e 0,88, respetivamente.
- A última imagem do nosso estudo, proveniente do sensor OLI (2018), apresenta uma precisão global de 97,17% para o mês de março, 97,99 para o mês de junho e 98,06 para o mês de setembro, com valores Kappa de 0,95, 0,97 e 0,97, respetivamente. Uma análise mais detalhada destas classes mostra que as classes de ano (2000) têm pixéis mais bem classificados do que as outras datas.

De um modo geral, há confusão entre certas classes, como a classe das plantas aquáticas invasoras e a classe "Outra vegetação", e também entre águas abertas e a classe das plantas aquáticas invasoras. Existe também confusão entre a classe "Solo nu" e a classe "Outra vegetação". No entanto, uma observação muito mais profunda é que na Tabela III, em setembro, a classe "Solo nu" é confundida com a classe "Outra vegetação" por um valor elevado.

Tabela III: Matriz de confusão para a classificação da imagem de 2000

Mês	Classes	V.A	B.S	Água	Para Vegeta
março	V.A	**97,28**	0,00	0,07	0,50
	B.S	0,40	**99,25**	0,00	0,85
	Água	0,00	0,00	**99,93**	0,00
	Para Vegeta	2,32	0,75	0,00	**98,64**
	Total	100	100	100	100

CAPITAL SOCIAL: 99,07% ;

Coeficiente Kappa: 0,98

Mês	Classes	V.A	B.S	Água	Para Vegeta
junho	V.A	**87,30**	0,84	1,03	6,86
	B.S	0,75	**91,63**	0,00	5,14
	Água	3,74	0,00	**98,97**	0,00
	Para Vegeta	8,21	7,53	0,00	**88,00**
	Total	100	100	100	100

P L: 90,64

coeficiente kappa: 0,84

Mês	Classes	V.A	B.S	Água	Para Vegeta
setembro	V.A	**79,30**	1,09	0,11	5,73
	B.S	0,00	**83,04**	0,00	0,00
	Água	1,00	0,22	**99,89**	9,17
	Para Vegeta	20,69	15,65	0,00	**85,09**
	Total	100	100	100	100

P L: 89,50%.

coeficiente kappa: 0,83

Com :

V A E= Vegetação aquática invasora; **B S**= Solo nu; **Águas abertas** (rio); **A V**= Outra vegetação.

Tabela IV: Matriz de confusão para a classificação da imagem de 2006

Mês	Classes	V.A	B.S	Água	Para Vegeta
março	V.A	**94,42**	0,04	3,94	2,52
	B.S	0,26	**92,16**	1,46	6,48
	Água	0,09	0,00	**93,52**	0,00
	Para Vegeta	5,23	7,80	1,08	**91,00**
	Total	100	100	100	100

P L: 92,32

Coeficiente Kappa: 0,86

Mês	Classes	V.A	B.S	Água	Para Vegeta
junho	V.A	**86,56**	0,19	0,00	8,49
	B.S	1,29	**93,12**	0,00	3,86
	Água	4,13	0,00	**100**	0,00
	Para Vegeta	8,01	6,69	0,00	**87,64**
	Total	100	100	100	100

P L: 90,86

coeficiente kappa: 0,87

Mês	Classes	V.A	B.S	Água	Para Vegeta
setembro	V.A	**89,91**	0,00	2,78	4,69
	B.S	0,92	**97,57**	0,00	0,78
	Água	1,83	0,00	**97,22**	0,00
	Para Vegeta	7,34	2,43	0,00	**94,53**
	Total	100	100	100	100

P L: 95,14

coeficiente kappa: 0,93

Com :

V A E= Vegetação aquática invasora; **B S**= Solo nu; **Águas abertas** (rio); **A V**= Outra vegetação.

Tabela V: Matriz de confusão para a classificação da imagem de 2012

Mês	Classes	V.A	B.S	Água	Para Vegeta
março	V.A	**98,84**	0,00	0,00	0,78
	B.S	0,00	**98,16**	0,00	3,36
	Água	0,11	0,00	**100**	0,00
	Para Vegeta	1,05	1,84	0,00	**95,87**
	Total	100	100	100	100

P L: 98,41

Coeficiente Kappa: 0,97

Mês	Classes	V.A	B.S	Água	Para Vegeta
junho	V.A	**92,71**	0,10	3,17	4,46
	B.S	0,65	**92,58**	0,40	8,36
	Água	2,73	0,00	**96,43**	0,00
	Para Vegeta	3,91	7,32	0,00	**87,31**
	Total	100	100	100	100

P L: 91,96

Coeficiente Kappa: 0,86

Mês	Classes	V.A	Para Vegeta	Água	B.S
setembro	V.A	**68,77**	0,73	4,90	0,00
	Para Vegeta	16,60	**90,10**	1,36	2,44
	Água	13,44	0,00	**92,23**	0,00
	B.S	1,19	9,17	1,50	**97,54**
	Total	100	100	100	100

P L: 91,73

Coeficiente Kappa: 0,88

Com :

V A E= Vegetação aquática invasora; **B S**= Solo nu; **Águas abertas** (rio); **A V**= Outra vegetação.

Quadro VI: Matriz de confusão para a classificação da imagem de 2018

Mês	Classes	V.A	B.S	Água	Para Vegeta
março	V.A	**94,00**	0,00	5,60	1,10
	B.S	0,24	**98,93**	0,00	1,17
	Água	4,26	0,00	**94,40**	0,00
	Para Vegeta	1,51	1,07	0,00	**97,73**
	Total	100	100	100	100

P L: 97,17

Coeficiente Kappa: 0,95

Mês	Classes	V.A	B.S	Água	Para Vegeta
junho	V.A	**97,33**	0,00	0,55	5,69
	B.S	0,00	**99,76**	0,55	0,00
	Água	1,07	0,00	**98,90**	0,00
	Para Vegeta	1,60	0,24	0,00	**94,31**
	Total	100	100	100	100

P L: 97,99

coeficiente kappa: 0,97

Mês	Classes	V.A	B.S	Água	Para Vegeta
setembro	V.A	**99,07**	0,00	1,47	0,00
	B.S	0,00	**97,79**	0,00	2,97
	Água	0,00	0,00	**98,53**	0,00
	Para Vegeta	0,93	2,21	0,00	**97,03**
	Total	100	100	100	100

P L: 98,06

coeficiente kappa: 0,97

Com :

V A E= Vegetação aquática invasora; **B S**= Solo nu; **Águas abertas** (rio); **A V**= Outra vegetação.

5.1.3 Cartografia das plantas aquáticas invasoras no leito do rio Níger no distrito de Bamako

5.1.3.1 Cartografia das plantas aquáticas invasivas em 2000

Em 2000, as plantas aquáticas ocuparam uma grande área de superfície no leito do rio Níger em Bamako (Figura 15). No decurso do mesmo ano, verificou-se uma evolução das plantas aquáticas invasoras entre os meses estudados (Figura 14). Nos vários mapas, podemos ver uma grande concentração de plantas aquáticas, especialmente na foz dos afluentes da cidade e nos canais de drenagem de águas residuais (áreas circuladas).

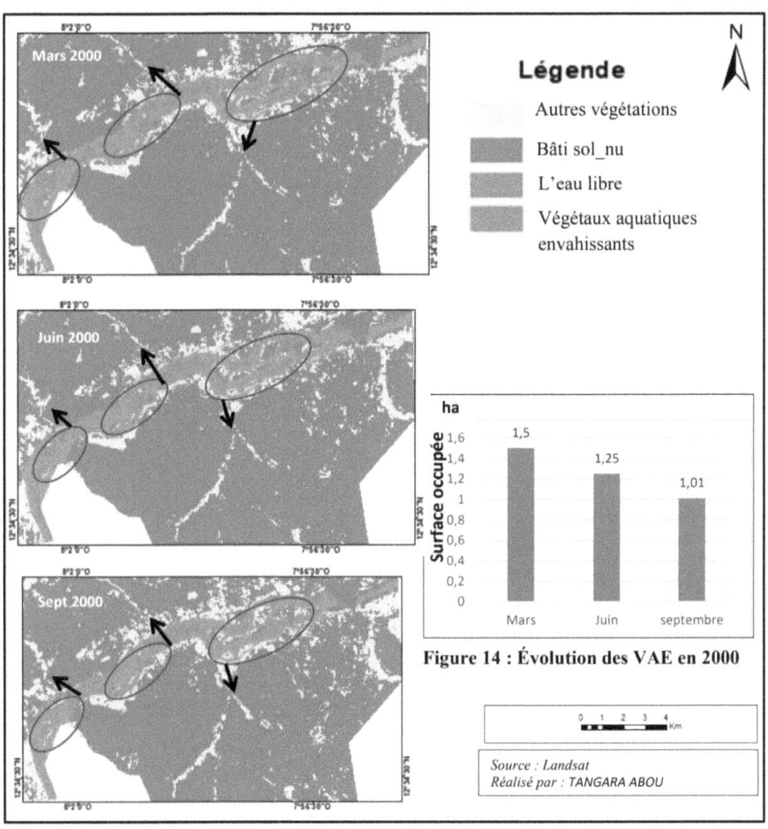

Figura 15: Mapa da cobertura vegetal aquática em 2000

5.1.3.2 Cartografia das plantas aquáticas invasivas em 2006

Em 2006, a evolução da vegetação aquática manteve-se quase igual em termos de superfície, com um total de 2,55 hectares. Divididos entre os meses estudados da seguinte forma: março 0,92 ha, junho 0,88 ha e setembro 0,75 ha (Figura 16). As zonas assinaladas com um círculo nos mapas mostram uma maior invasão de plantas aquáticas invasoras (Figura 17).

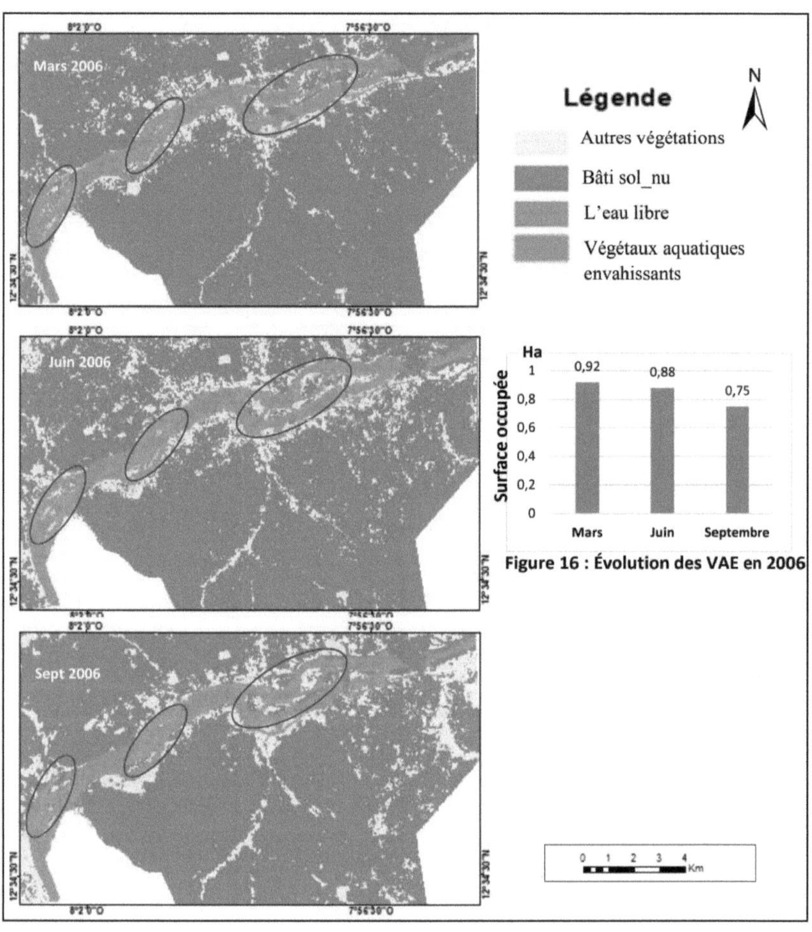

Figura 17: Mapa da proliferação de plantas aquáticas invasoras em 2006

5.1.3.3 Cartografia de plantas aquáticas invasoras em 2012 s

A figura 18 mostra a evolução da vegetação aquática entre os meses estudados, sendo o mês de setembro o que apresenta a menor superfície, com 0,89 hectares. As zonas mais densas estão assinaladas com um círculo nos mapas (Figura 19).

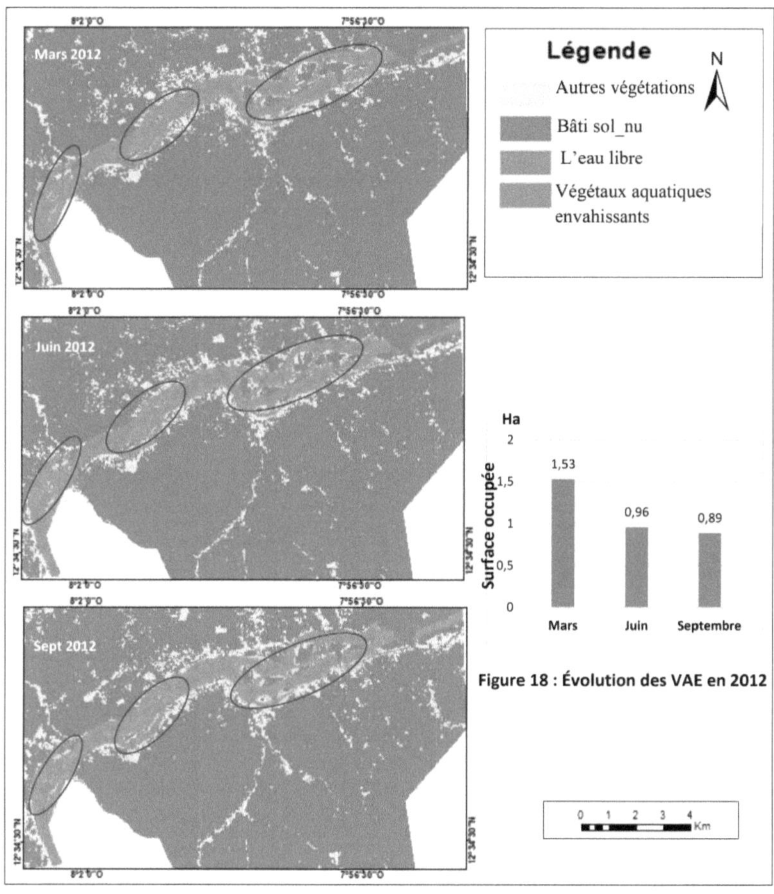

Figura 19: Mapa da cobertura vegetal aquática em 2012

5.1.3.4 Cartografia de plantas aquáticas invasoras em 2018

Em 2018, a vegetação aquática variou entre os meses de estudo, com o máximo em março com 2,02 hectares e o mínimo em setembro com 1,21 hectares (Figura 20). As zonas de maior concentração estão sempre assinaladas com um círculo nos mapas (figura 21). Estas zonas são fortemente colonizadas por plantas aquáticas no leito do rio.

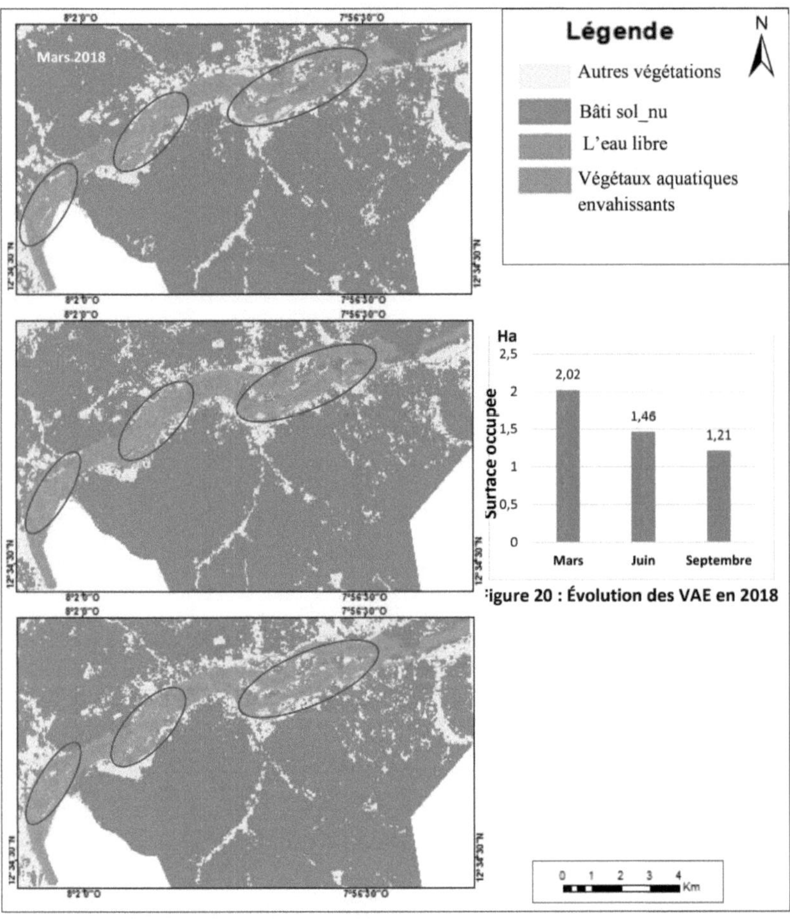

Figura 21: Mapa da cobertura vegetal aquática em 2018

5.1.4 Análise da dinâmica de colonização de plantas aquáticas invasoras no leito do rio de 2000 a 2018

5.1.4.1 Mapa da dinâmica mensal de colonização de plantas aquáticas invasoras

Na análise da dinâmica mensal das plantas aquáticas invasoras, verificou-se que, ao longo de todos os meses estudados, as áreas ocupadas pelas plantas aquáticas se distribuíram de forma irregular (Figura 22 abaixo).

Inicialmente, em março, havia mais zonas estáveis de plantas aquáticas invasoras do que zonas que estavam a desaparecer. Nesse mesmo mês, registámos também a presença de novos aparecimentos de vegetação aquática invasora (IAV). Ao contrário do mês de março, em junho houve um ligeiro predomínio de áreas em desaparecimento. Assim, os novos aparecimentos de EEI tendem a atingir o nível das zonas estáveis.

Por último, o mês de setembro registou mais zonas de instabilidade para as plantas aquáticas invasoras. Durante este mês, foram observados novos aparecimentos de EAB e as zonas estáveis dos meses anteriores transformaram-se em zonas de desaparecimento.

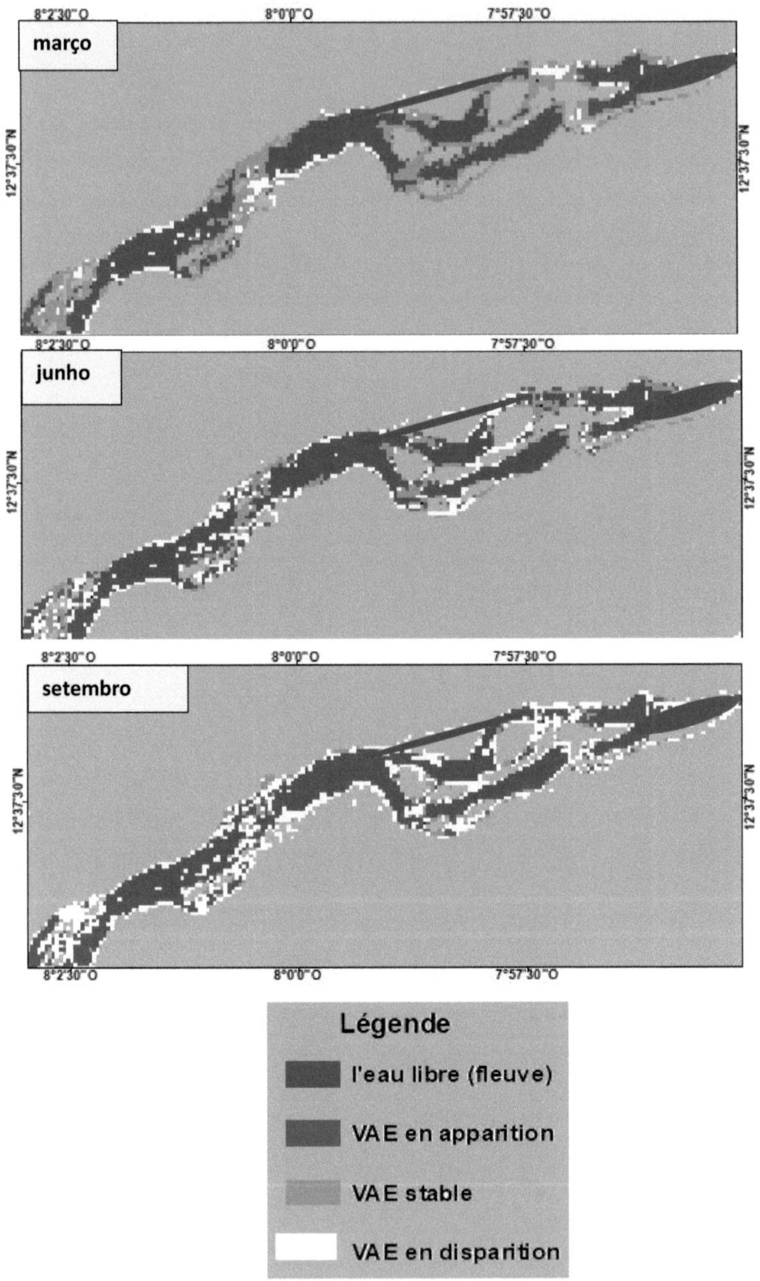

Figura 22: Mapa da dinâmica mensal das plantas aquáticas invasoras

5.1.4.2 Variação espácio-temporal mensal da área ocupada por plantas aquáticas invasoras no leito do rio

A Figura 23 abaixo mostra a variação mensal da vegetação aquática invasora e a descarga média mensal do rio. Nesta curva, podemos ver que a vegetação aquática invasora no rio está deprimida a partir de junho. Por outro lado, o mês de junho corresponde à variação do caudal médio mensal do rio na área de estudo. Os gráficos seguintes mostram a variação das plantas aquáticas (linha pontilhada) no rio de 2000 a 2018, e a variação do caudal médio mensal (linha sólida) do rio de 2000 a 2018.

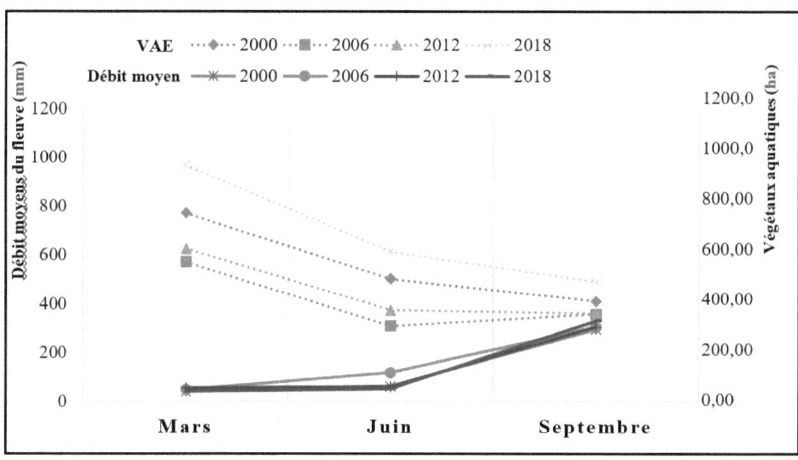

Figura 23: Variação mensal das plantas aquáticas invasoras e do caudal médio do rio

5.1.4.3 Dinâmica de colonização anual de plantas aquáticas invasoras

Em todos os anos estudados, a dinâmica das plantas aquáticas variou de um ano para o outro (Figura 24 abaixo). Os diferentes anos de estudo mostram uma descontinuidade espacial nas plantas aquáticas invasoras (IAV). Os mapas mostram também anos em que a presença de plantas aquáticas invasoras é elevada e anos em que a presença de plantas aquáticas invasoras é baixa.

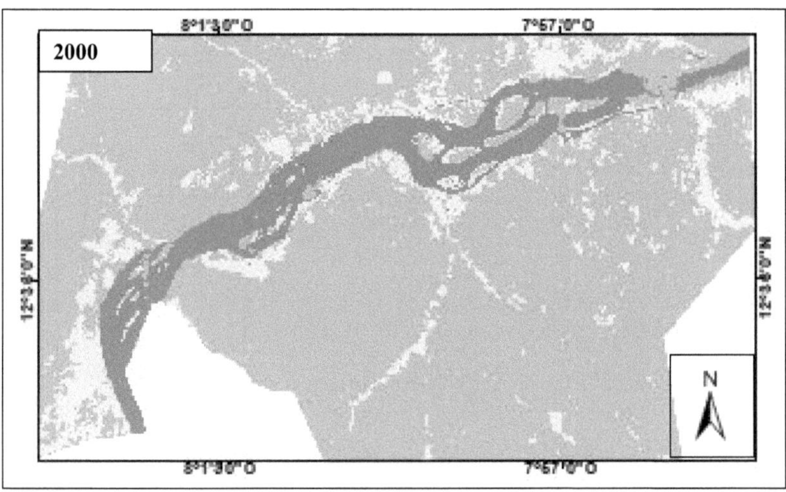

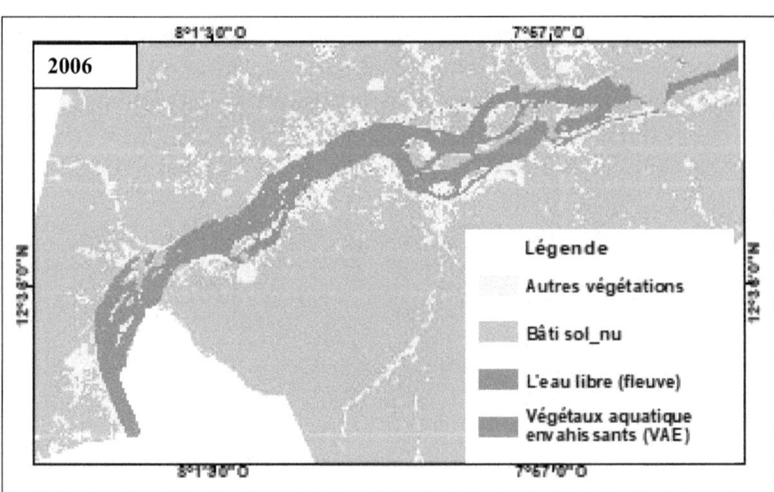

Figura 24: Dinâmica anual das plantas aquáticas invasoras no leito do rio

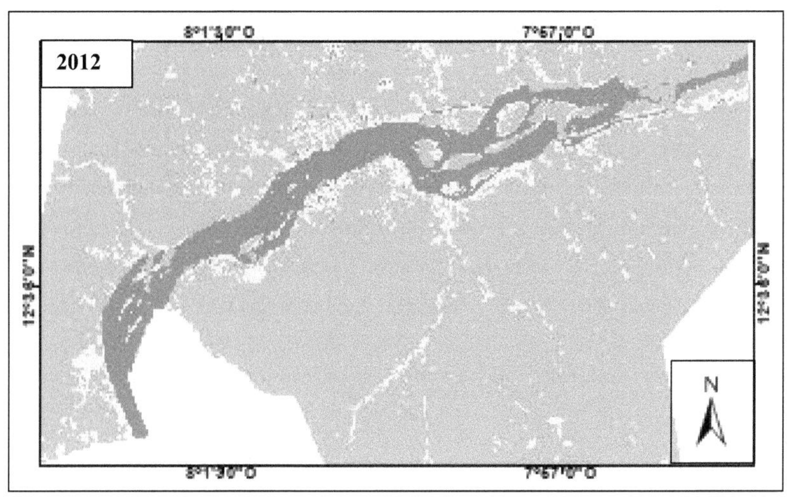

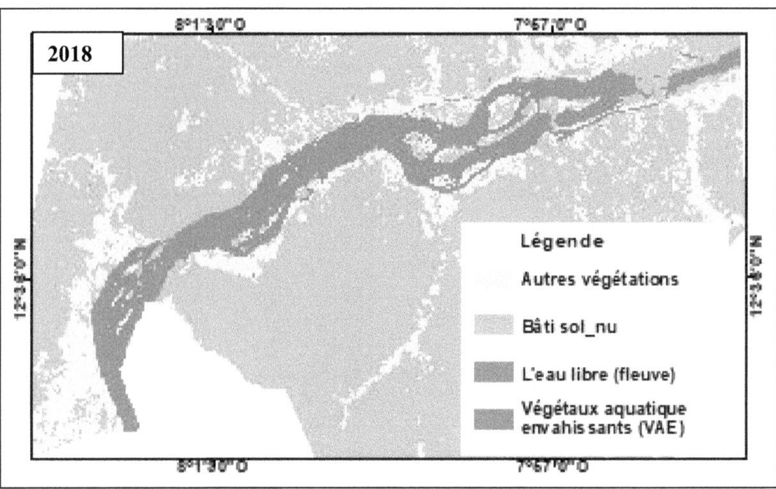

Figura 24: Dinâmica anual das plantas aquáticas invasoras no leito do rio

5.1.4.4 Tendências espácio-temporais anuais das plantas aquáticas invasoras de 2000 a 2018

Entre 2000 e 2018, registou-se um aumento da área colonizada por plantas aquáticas invasoras no leito do rio. Embora entre 2000 e 2006 se tenha registado uma ligeira diminuição das áreas colonizadas, a partir de 2006, as áreas colonizadas por plantas aquáticas invasoras continuaram a aumentar. Este aumento foi observado tanto no período de cheia como no de vazante. O período de águas baixas (março) é uma altura favorável à proliferação de AEVs, enquanto que durante o período de águas altas, as áreas colonizadas diminuem, muitas vezes para metade. A figura 25 mostra a evolução das superfícies colonizadas ao longo do ano e do período 2000 - 2018.

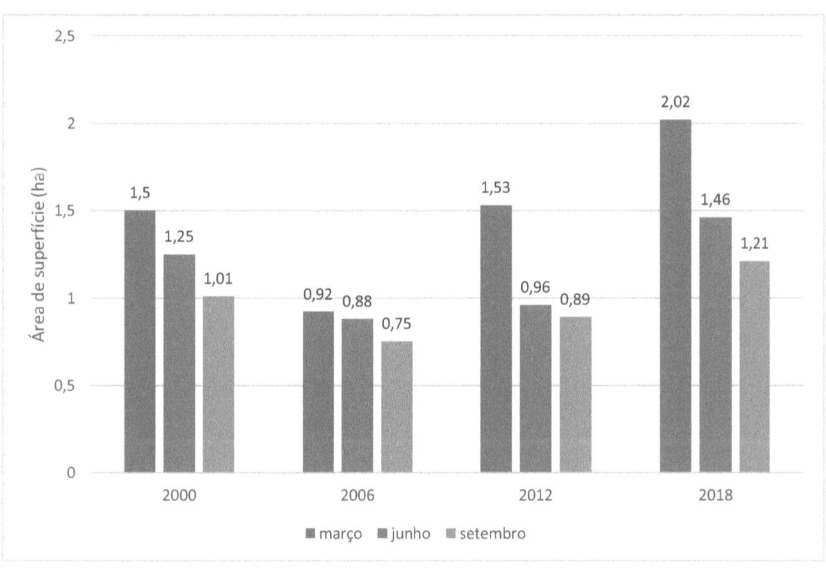

Figura 25: Tendências temporais anuais das plantas aquáticas invasivas de 2000 a 2018

5.2 Taxa média anual de expansão espacial (T) de 2000 a 2018

A taxa média de expansão espacial foi avaliada durante o período de estudo utilizando a fórmula de Bernier (1992).

$$T = [S2\text{-}S1/t - 1] \times 100$$

Em que T= taxa de variação (%)

S1 = área de superfície da classe na data t1

S2 = área de superfície da classe na data t2 (t2 sup t1)

t = número de anos entre as duas datas.

Após a avaliação, obtemos as taxas de expansão espacial no leito do rio de 2000 a 2018, como mostra a Tabela VII.

Quadro VII: Taxa média anual de expansão (T) de 2000 a 2018

Anos	2000-2006	2006-2012	2012-2018	2000-2018
Plantas aquáticas invasivas (IAV)	-20,16%	13,83%	21,83%	15,50%

No conjunto dos anos estudados, a taxa média de expansão (T) foi de 15,50%. Além disso, observou-se uma diminuição de -20,16% das plantas aquáticas invasoras entre 2000 e 2006.

5.3 Impacto da proliferação de plantas aquáticas invasoras no caudal do rio

O impacto da proliferação de plantas aquáticas no caudal de água do rio foi quantificado pelos coeficientes de retenção (Cr), como mostra o quadro VIII.

Quadro VIII: Evolução do coeficiente de retenção de água (Cr) no rio entre 2000 e 2018

Classes de ocupação	Cr 2000	Cr 2006	Cr 2012	Cr 2018
Habitat de solo nu	0	0	0	0
Plantas aquáticas	**7,52**	**5,10**	**3,06**	**9,38**
Outra vegetação	6,22	8,33	4,66	4,4

Nesta tabela, podemos verificar que os valores **de Cr** nas nossas classes de ocupação, mais concretamente na classe das plantas aquáticas que nos preocupa, são inferiores a 100. No entanto, podemos dizer que de 2000 a 2018 a evolução das plantas aquáticas não atingiu a média que poderia impedir o escoamento do rio. Mas continua a ser um fenómeno a monitorizar, dado o seu grau de proliferação no leito do rio no Distrito de Bamako.

CAPÍTULO 6: DEBATE

6.1 Classificação

As várias matrizes de confusão resultantes da classificação mostram os pixéis bem classificados a mais de 70% por classe, com uma proporção mais elevada de classes com exactidões superiores a 90%. Estas exactidões são aceitáveis porque, segundo Congalton (1991), uma classificação é considerada aceitável quando a exatidão global é próxima de 80%. Segundo Pontius (2000), quando o índice Kappa se situa entre 50 e 75%, a classificação adoptada é válida e os resultados podem ser utilizados judiciosamente.

No presente estudo, os índices Kappa são superiores a 85%. Note-se que as elevadas precisões cartográficas obtidas podem também depender do pequeno número de classes utilizadas e da definição de parcelas homogéneas na escolha dos locais de treino (Caloz e Collet, 2001).

Existe confusão entre certas classes, como a classe das plantas aquáticas e a classe "Outra Vegetação". Esta confusão deve-se provavelmente ao facto de as hortas nas margens do rio darem frequentemente as mesmas assinaturas que as plantas aquáticas. Esta confusão pode também ser explicada pelo facto de, durante a estação das chuvas, a cobertura vegetal do terreno ser densa. Dada a semelhança de cor, podem ter a mesma assinatura espetral. A confusão entre "Solo nu" e "Outra vegetação" pode ser explicada pelo facto de as hortas na margem do rio terem sido colhidas e o espaço estar a assumir cada vez mais a forma de solo nu. Outra explicação é o facto de a área ter sido cultivada mas as culturas ainda não terem começado a crescer.

6.2 Dinâmica da cobertura vegetal aquática no leito do rio no distrito de Bamako

A contribuição da teledeteção espacial pode ser resumida destacando a tendência geral da dinâmica da ocupação do solo (Rachid *et al.,* 2016). No nosso caso específico, esta tendência revela um aumento das plantas aquáticas invasoras no leito do rio Níger de 2000 a 2018, com uma expansão total de 15,50% durante o período de estudo. Este aumento significativo de plantas aquáticas invasoras na área de estudo deve-se às águas residuais da cidade. Estas águas residuais chegam ao rio através de esgotos não tratados, favorecendo a proliferação de plantas aquáticas invasoras. O nosso resultado é comparável ao de Jean (2018), no seu estudo sobre a dinâmica intra e interanual da proliferação de plantas invasoras no lago Tengréla, no Burkina Faso. O seu estudo foi possível graças aos satélites MODIS, dos quais utilizou 411 imagens, ou seja, 23 imagens por ano durante o período de 2000 a 2017. De acordo com o autor, observou-se um aumento anual de 60% da área colonizada por plantas invasoras no Lago Tengréla entre 2000 e 2017. Isto indica um crescimento rápido das plantas aquáticas nas massas de água. Este aumento da superfície de plantas aquáticas depende de vários parâmetros (químicos e orgânicos). A poluição antropogénica disponibiliza na água uma grande quantidade de nutrientes necessários para a proliferação de plantas aquáticas invasoras (Mandi *et al.,* 1992). Outros trabalhos já efectuados sobre as plantas aquáticas invasoras são confirmados pelos nossos resultados, nomeadamente o trabalho de Blé (2008), no período 2002-2005, que identificou a rentabilidade da pesca no lago Taabo, parcialmente coberto por plantas aquáticas invasoras. O aumento das plantas aquáticas é estimado em 33,30% no período de 2002 a 2005.

Em termos de dinâmica mensal, a curva que representa as plantas aquáticas invasoras no leito do rio mostra uma regressão das plantas aquáticas em função do caudal médio do rio no distrito de Bamako. O caudal do rio varia logicamente com a precipitação. O rio começa a encher durante a estação do inverno no início de junho e o seu nível de água mais baixo ocorre durante a estação seca. O mês de junho, que marca o início da estação das chuvas, corresponde também ao declínio da vegetação aquática invasora no leito do rio. Isto porque a subida do nível das águas do rio, acompanhada de um forte escoamento, faz com que as jangadas de vegetação aquática invasora (IAV) se soltem de um ponto para outro. É assim que, em setembro, quando cai a maior quantidade de chuva, as plantas aquáticas mais invasoras desaparecem. Durante a estação seca, em março, quando o rio está em águas baixas e não há muito escoamento, há muita vegetação aquática invasora no rio.

Em termos de dinâmica anual, os AEVs diminuíram entre 2000 e 2006. Esta regressão da superfície de plantas aquáticas invasoras no rio pode ser explicada pelo aumento do caudal do rio, de acordo com a força motriz da dinâmica da EAB. Mas também se deve à intervenção humana, uma vez que, entre 2000 e 2006, foram previstas iniciativas de controlo pelos serviços técnicos do Mali e pelas populações locais. A maioria destas iniciativas baseava-se principalmente no controlo manual e biológico. É, portanto, muito provável que essas intervenções tenham tido um efeito positivo sobre a EAB, mas que esse efeito não tenha sido duradouro. É por isso que, de 2012 a 2018, assistimos a um aumento das plantas aquáticas invasoras. Este aumento da extensão de EAB no rio pode ser explicado pela poluição do rio. Verificou-se que as zonas de concentração de EABs correspondem aos poucos canais de drenagem de águas residuais de Bamako. Outros estudos já efectuados confirmam que os resíduos das unidades industriais de Bamako, como o matadouro frigorífico, o sotamali, o synplast e o sipal, são uma fonte de poluição do rio (Maïga, 2012). A descarga de matéria orgânica e química na água do rio leva ao enriquecimento das EAB e, por conseguinte, ao aumento da sua colónia no leito do rio.

CONCLUSÃO GERAL E RECOMENDAÇÕES

Em última análise, este estudo destaca a contribuição da deteção remota na monitorização da dinâmica espacial de plantas aquáticas invasoras no leito do rio Níger no distrito de Bamako. O estudo foi possível graças aos dados de satélite Landsat ETM+ e OLI de 2000 a 2018. Os resultados da cartografia das plantas aquáticas invasoras indicam :

> - variações nas plantas aquáticas invasoras no rio de um ano para o outro. Durante o nosso período de estudo, houve anos em que as plantas aquáticas estavam a aumentar e anos em que estavam a diminuir. No entanto, o nosso estudo revelou a extensão da presença de plantas aquáticas no rio. Constatamos também que a diminuição das plantas aquáticas invasoras está ligada à pluviosidade. A curva que representa a vegetação aquática e o caudal médio do rio mostrou uma diminuição da vegetação aquática invasora a partir de junho. Este mês marca o início da estação chuvosa na área de estudo e, assim que a estação chuvosa se instala, a área infestada por plantas aquáticas invasoras diminui gradualmente. Em todo o caso, podemos afirmar que a pluviosidade tem um papel determinante na instabilidade das plantas aquáticas invasoras no rio.
> - A análise do mapa da dinâmica anual e mensal das plantas aquáticas durante o período de estudo mostrou zonas estáveis, o aparecimento de novos sítios e zonas que estavam a desaparecer. Os diferentes mapas de dinâmica mostram uma grande concentração de plantas aquáticas invasoras no rio.

Uma cartografia completa e regular deste tipo permite precisar a natureza da evolução das plantas aquáticas invasoras nos sítios estudados. O nosso estudo, realizado no rio do distrito de Bamako, permitiu-nos analisar a dinâmica de colonização das plantas aquáticas invasoras durante o período de estudo de 18 anos, ou seja, de 2000 a 2018.

Por conseguinte, é aconselhável tomar medidas de proteção das massas de água para melhor gerir as plantas aquáticas invasoras. Para o efeito, recomendamos :

> - sensibilizar o público para o impacto da poluição da água na proliferação de plantas aquáticas;
> - aplicação da legislação em vigor relativa à descarga de resíduos no rio Níger;
> - organizar a remoção contínua da vegetação aquática invasora durante os períodos de baixa-mar no rio;

> acompanhamento constante da evolução das plantas aquáticas invasoras para melhorar a gestão.

> as estruturas responsáveis pela proteção do rio Níger no Mali tenham em conta os resultados do presente estudo na gestão do VAE.

PERSPECTIVAS

❖ realizar este estudo com um sensor mais fino para maximizar a deteção de jangadas mais pequenas de vegetação aquática invasora (IAV) ;

❖ Produzir um mapa pormenorizado da dinâmica da utilização dos solos, a fim de compreender melhor as fontes de nutrientes para o VAE ;

❖ alargar este estudo a todo o Mali, a fim de compreender melhor as zonas onde os VAE proliferam no leito do rio Níger.

REFERÊNCIAS BIBLIOGRÁFICAS

Agência da Bacia do Rio Níger. (2004). Estudo sobre o controlo do jacinto de água no rio Níger. Relatório final 25 p.

Autoridade da Bacia do Níger. (2002). Missão, actividades actuais e perspectivas, Documento de informação, 9 p.

Alhou B. (2009). Impact des rejets de la ville de Niamey (Niger) sur la qualité des eaux du fleuve Niger, tese de doutoramento, Facultés Universitaires Notre-Dame de la Paix NAMUR (Bélgica) e Faculté des Sciences département de biologie de l'université Abdou Moumouni (Niger), 299p.

Amina B., (2012). Utilização de SIG e deteção remota no estudo da dinâmica do coberto vegetal na sub-bacia hidrográfica de Oued Bouguedfine (wilaya de chlef). 12p.

Barret S., Forno I.W. (1982). Style morph distribution in new world populations of *Eichhornia crassipes* (Mart.) Solms-Laubach (water hyacinth), Aquatic. N°13, pp. 299-306.

Benvenuti A. (1996). Analyses de télédétection : projet d'évaluation des interventions de conservation et récupération de l'environnement *(*PEICRE*)*. Relatório técnico, CeSIAUTA, Niamey, Níger. 119 p.

Bernier B. (1992). Introduction à la macroéconomie. Dunod, Paris, 127p

Blé Acca Kouakou Serge R. (2008). Rentabilidade da pesca no Lago Taabo parcialmente coberto por plantas aquáticas invasoras: Revue de Géographie Tropicale et d'Environnement, N°2, pp.53-54.

Bontemps S. (2004). Cartographie et interprétation de l'évolution du développement territorial par télédétection spatiale au Cambodge, dissertação da Faculdade de Ciências Agronómicas, UCL, Louvain-la-Neuve, 111p.

Bonn F., Rochon G. (1992). Précis de télédétection. Principe et méthodes, presses de l'université de Quebec, Canada.vol.1 ; 485p.

Boulerie, (2008). Introdução à deteção remota, baseado no curso de Olivier Joinvilles na ENSP. 5p.

Cheickna D., Bouréma D., Amadou D. (2004). Estudo de identificação das aldeias afectadas pelas plantas aquáticas nocivas que proliferam na bacia do rio Níger. Relatório final 7p.

CEDEAO. (2003). Projeto de gestão integrada das plantas aquáticas invasoras. Resumo do estudo de avaliação do impacto social e ambiental (EIA), outubro de 2003. 6p.

CEDEAO. (1996). Projeto de luta contra os vegetais aquáticos flutuantes nos países membros da CEDEAO, vol.1. Relatório principal, abril de 1996. 46p.

Cissé C., Lamine D., Almoustapha F. e Pierrick G. (2007). O Futuro do Rio Níger. Em Contaminação de Água Doce (Actas do Simpósio de Rabat S4, abril-maio 1997), IAHS Publ. N°27, pp. 314-315.

Caloz R., Collet C. (2001). Précis de télédétection, traitements numériques d'images de télédétection (Universidades francófonas). Imprensa Politécnica do Québec, Canadá. Vol.3, pp.251-254.

Castillon P. (2005). "Le phosphore, sources flux et rôles pour la production végétale et l'eutrophisation". Production animales- Paris -Institut national de la recherche agronomique n°18, vol.3, 153p.

Congalton R.G. (1991). A review of assessing the accuracy of classifications of remotely sensed data. Remote Sensing of Environment, N°37, pp. 35-46.

Daoudi M., Salmon M., Dewitte O., Gerard P., Abdellaoui A., Ozer A. (2009). Previsão da erosão de ravinas na Argélia: para uma nova abordagem probabilística utilizando dados de várias fontes. Jornadas de Animação Científica da AUF, 7p.

Dagno K., Lahlahi R., Friel D., Bajji M., Juakli H. (2007). The problem of the water hyacinth, *Eichhornia crassipes,* in tropical and subtropical areas of the world, in particular its eradication by biological control using phytopathogens, Vol. 11, N°4, pp.299-311.

Dembélé B. (1999). Aplicação de técnicas de luta integrada contra o jacinthe d'eau e outras plantas aquáticas nocivas 12p.

Dembélé B. (1994). Jacinto de água, um flagelo para os cursos de água do Mali? Mali. CILSS, Sahel PV info. 63, 8 p.

Dembélé B., Diarra A., Diarra C., Sarra S., Traore M.N. (2002). Le problème de la jacinthe d'eau Mali, état des recherches. In: Gestion des Ressources et Aménagement du Fleuve Niger. Des connaissances scientifiques pour la décision publique. IRD Edition Paris, 2002, pp. 57-62.

Diarra B. (2003). Structure urbaine et dynamique spatiale à Bamako- Mali, Donniya, Bamako, 163 p.

Diarra B. (1999). Dynamique spatiale et politiques urbaines à Bamako: le rôle des images-satellite SPOT dans la gestion des villes. Marselha (Phd), Université Aix-Marseille1, Marselha1, 245p.

Didier M. (1990). Utilité et valeur de l'information Géographique. Paris: economica.15p.

Diwakar P.G., Raghavaswamy V., Saha S.K., Kiran kumar A.S., Dadhwal V.K., Shivakumar S.K. (2013). Série e aplicação de satélites de deteção remota indianos: uma saga de 25 anos. Boletim do sistema nacional de gestão de recursos naturais, UNRMS (B) -37. 164p.

DNSI (1994). Pesquisa de consumo orçamental, Ministério do Planeamento (Bamako). Anuário estatístico de Bamako, Mali. 190p.

Dubreuil V. (2010). Informação geográfica, deteção remota e climatologia. In "Geographical Information and climatology" Dir.P Carrega,wiley-ISTE Ltd ; London. pp73-102.

Francisco E.G., Javier M.R., Ferran M.A. (2013). "Manual de sensoriamento remoto espacial, Telecan". Universidade de Las Palmas de Gram Canaria, UPC. 8p.

Fortier J.F. (2007). *Eichhornia Crassipes.* (Relatório de investigação) 19p.

Girard M. C. e Girard C. M. (1999). Traitement des données de télédétection. Dunod, Paris, 529 p.

Gopal B. (1987). Jacinto de água. Países Baixos. Estudos de Plantas Aquáticas 60p.

Hade A. (2002). Nos lacs- les connaître pour mieux les protéger. Edições Fide, 360p.

Hassane Younoussou H. (2010). Prolifération des plantes aquatiques envahissantes sur le fleuve Niger ; état des lieux de la pollution en azote et en phosphore des eaux du fleuve, 22p.

Holm Lg, Plucknett Dl, Pancho Jv, Herberger J.P. (1977). As piores ervas daninhas do mundo: distribuição e biologia. Honolulu: University Press of Hawaii, 609 p.

IER (2012). Manejo integrado de pragas de plantas daninhas aquáticas. 6p.

INSTAT. (2009). 4ème recensement général de la population et de l'habitat du mali (RGPH-2009): Urbanisation Analyse des résultats définitifs Bamako: Institut Nationale de la Statistique. 57 p.

Jacquin A. (2010). Dinâmica da vegetação de savana em relação ao uso do fogo em Madagáscar. Análise de séries temporais de imagens de deteção remota. 146p.

Jardim (2015). Jacinto de água, *eichhornia crassipes*. https: www.aujardin.info.

Jean F. (2018). Contribuição para a luta contra as plantas invasoras nos planos de água do Burkina Faso: monitorização do lago de Tengréla por Télédétection. 39p.

Jimenez e Maricella M. (2016). Técnica de controlo do jacinto de água e de outras plantas aquáticas invasoras nocivas. Cuernaca, México, Instituto de Tecnologia de Agua (IMTA). Acedido em outubro. 22p.

Justine R. (2017). Impacto do jacinto de água doce na mobilização de águas superficiais no Burkina Faso, 9 p.

Khalid A., Abdellatif T., Zakaria A., Mohamed A., Abdelkader El G. (2016). Contribuição da deteção remota e SIG para a monitorização espácio-temporal do uso do solo na bacia hidrográfica de West Tarmast. 3 ^{ème}Edition du Colloque International des utilisateurs du SIG, Maroc, Oujda les 22 et 23 Novembre 2016. 31p.

Komelan Y. (1999). "L'eutrophisation des retenues d'eau en Côte d'Ivoire et gestion intégrée de leur bassin versant : cas de la Lobo à Daloa" dissertation. 22p.

Konaté F. (2011). L'occupation anarchique de l'espace public et les changements de vocation des espaces verts et des places publiques dans le District de Bamako, Revue du Laboratoire de Recherches Biogéographiques et d'Études Environnementales (LaRBE), n°005, ISSN 1812-1403.

Konecny G. (2003). Geoinformação: deteção remota, fotogrametria e sistemas de informação geográfica. Segunda edição. Taylor & Francis. 4p.

Lacombe J.P., Sheeren D. (2007). Cours de télédétection aérospatiale, télédétection satellitaire, 67p.

Lillesand T.M., Kifefer RW (1994). Deteção remota e interpretação de imagens. John wiley and sons, ed.3 ; 750p. Nova Iorque.

Mandi L., Darley J., Barbe J., e Baleux B. (1992). Essais d'épuration des eaux usées de Marrakech par la jacinthe d'eau (charge organique, Bactérienne et Parasitologique). Revue des sciences de l'eau/ journal of water science n°5, pp.31-33.

Maurer T. (2013). Como fazer pan-sharpen de imagens usando o pan-sharpen de gram-schmidt. Arquivos Internacionais de Fotogrametria, Deteção Remota e Ciências da Informação Espacial, XL-1/W1, 6p.

Maiga F. (2012). Analyse des externalités négatives de développement urbain du District de Bamako et pollution du fleuve Niger, 46p.

Millimono S. (2009). Avaliação das pressões exercidas sobre os recursos hídricos pela cidade de Bamako no Mali 8p.

Nabil B. (2000). Métodos de Classificação Multicritério: Metodologia e Aplicações para o Auxílio ao Diagnóstico Médico. Universidade Livre de Bruxelas, Instituto de Estatística e Investigação Operacional, 40p.

Navarro A.L., Phiri G. (2000) Water Hyacith in Africa and the Middle East. A Survey of problems and solution. Canadá. Actas da Conferência Internacional sobre o jacinto de água, 16p.

Ouédraogo R.L. (2000). Projeto-piloto de controlo integrado de *Eichornia Crassipes* ou jacinthe d'eau au Burkina Faso 94p.

Oumarou, Al Moustapha, Jeanne M-R., S. (2008). Produção de biogás e composto a partir de jacinto de água para o desenvolvimento sustentável na África do Sahel. *VertigO - la revue électronique en sciences de l'environnement* 8 (1).

Oszwald J., Kouacou Atta J.-M., Kergomard C. e Robin M. (2007). Representar o espaço para estruturar o tempo: uma abordagem de teledeteção à dinâmica das alterações florestais no sudeste da Costa do Marfim. Revue Télédétection, Vol.7, N°1-2-3-4, pp. 271-282.

Oloukoi J., Vincent J. Mama, Fulbert B., Agbo J. (2006). Modélisation de la dynamique de l'occupation des terres dans le département des collines au bénin, Télédétection, vol. 6, no. 4, pp. 305-323.

Pekkarinen A. (2002). Image segment-based spectral feature in the estimation of timber volume, remote sensing of environment, n°82 ; pp349-359.

Pocquet, Inana, Mayako T.O., Antsa R. (2015). Saúde e bem-estar: o jacinto é apenas uma planta parasita para a Costa do Marfim? Overblog. 19p.

Pontius R.G. (1991). Quantification error versus location in comparison of categorical maps, photogrammetric enginneering and remote sensing, N°66, pp.1011-1016.

Qaisar M., Zheng P., Siddiqi Mr., Islam E., Azim M., Yousaf H. (2005). Estudos anatómicos sobre o jacinto de água (*Eichhornia crassipes* (MART.) Solms) sob a influência de águas residuais têxteis. J. Zhejlang. Univ.6B (10), p.991-998.

Rachid B., Yahia El K., Aiman H. (2016). Apport de la télédétection spatiale à l'étude diachronique de la dynamique de l'occupation du sol dans le bassin versant de l'ouest El Abid (haut Atlas Central, Maroc). 259p.

Ranarijaona, Her L T., Felice Z., Ainazo H A., George S A. (2013). Avaliação da proliferação de jacintos de água no lago Ravelobe Anharafantsika e plano de restauração, vol.13, 1p.

Rutabagaya J. (2017). Impacto do jacinto de água doce na mobilização de águas superficiais no Burkina Faso, 25p.

Sane I. (2001). Note Synthétique sur la fougère aquatique, Salvania molesta D.S Mitchell et son ennemi naturel spécifique le charançon cyrtobagous salviniae calder and sands, 11 p.

Saunders P. (2013). "O jacinto de água de raiz roxa é uma solução natural para a poluição" 41p.

SIDIBÉ Souleymane, (2017). O rio Níger no Mali: questões e perspetivas.

Skupinski G., Don B. T., Weber C. (2009). Imagens de satélite multi-data e lametrias espaciais no estudo da mudança urbana e suburbana. Le cas de la basse vallée de Bruche (Bas-Rhin) European Journal of Geography. URL: http://cybergeo.revues.org/21995; DOI: 10.4000/cybergeo.21995. França.

Shalaby A., Tateishi R. (2007). Deteção remota e SIG para cartografar e monitorizar a cobertura do solo e as alterações da utilização do solo na zona costeira do noroeste do Egito. Applied Geography, N°27, pp.28-41.

Toko I. (2014). Factores que determinam a fragmentação dos ecossistemas florestais: o caso das ilhas de floresta seca densa na floresta classificada de Monts kouffé e da sua periferia no Benim (Phd), Abomey-Calavi, Benim, 231p.

Toukiloglou P. (2007). Comparação de AVHRR, MODIS e vegetação para mapeamento da cobertura do solo e monitorização da seca com uma resolução espacial de 1 km. Tese de doutoramento, Universidade de Cranfield, Inglaterra. 515p.

Traore H. (2006). Un problème environnemental transformé en source de revenu, cas de la jacinthe d'eau douce en compost chez des jardiniers de Bamako, 7p.

Yacine K. (2018). Curso de sistema de informação geográfica. Université Larbi Ben M'Hidi-OEB-Algérie. 4p.

Yuhendra A.B., Alimuddina I.C., Sumantyoa J.T.S., Hiroaki K. (2012). Avaliação de métodos de pan-sharpening aplicados à fusão de imagens de dados multibanda de sensoriamento remoto. International Journal of Applied Earth Observation and Geoinformation, 18, pp165-175.

WEBOGRAFIA

https://www.afdb.org Acedido em 02 de abril de 2018

.www.fao.org/3/a-y4270f.pdf. Acedido em 12 de maio de 2018

www.abfn-mali.org/.../Rapport%20Identification%20%20des%20zones%20infestées%... Acedido em 12 de maio de 2018

www.abfn-mal20. Consultétude%20sur%20la%20lutte%20contre%20la%20jacinthe%20. Acedido em 18 de julho de 2018

https://journals.openedition.org/cybergeo/22707 consultado em 13/10/2018 às 00h34mm22s

https://maliactu.net/mali-fleuve-niger-au-mali-enjeux-et-perspectives/ 29/10/2018.

APÊNDICES

Apêndice 1: Curvas de evolução média diária para o rio Níger no distrito de Bamako em 2000.

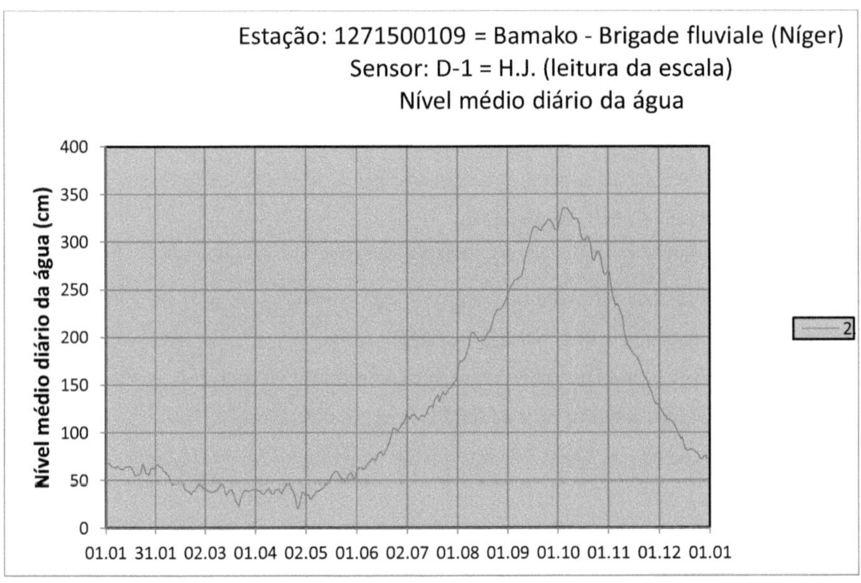

Fonte: DNH (Diretion Nationale d'Hydraulique du Mali).

Apêndice 2: Curvas de evolução média diária para o rio Níger no distrito de Bamako em 2006.

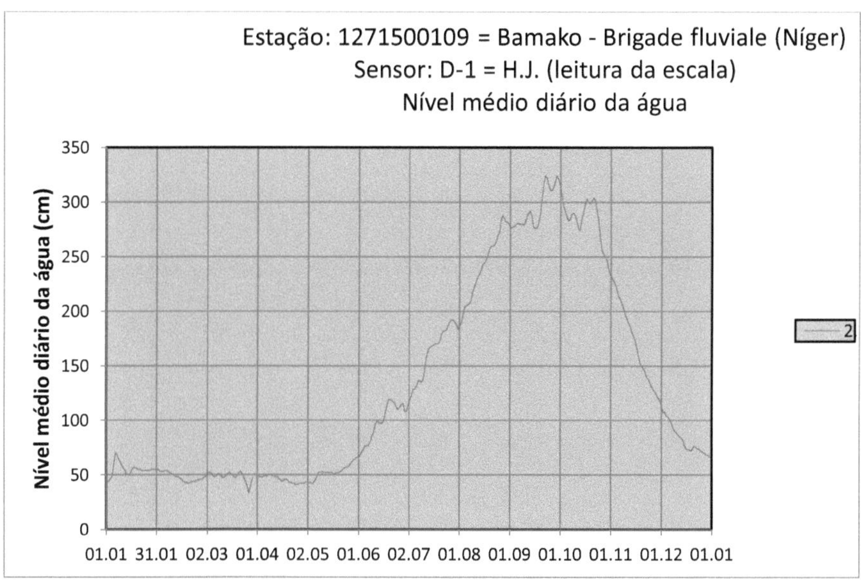

Fonte: DNH (Diretion Nationale d'Hydraulique du Mali).

Apêndice 3: Curvas de evolução média diária para o rio Níger no distrito de Bamako em 2012.

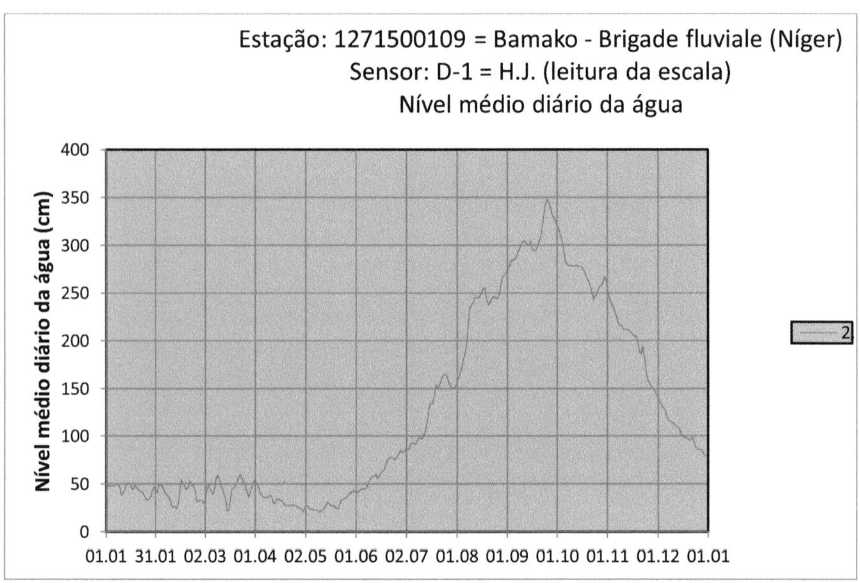

Fonte: DNH (Diretion Nationale d'Hydraulique du Mali).

Anexo 4: Curvas de evolução média diária para o rio Níger no distrito de Bamako em 2018.

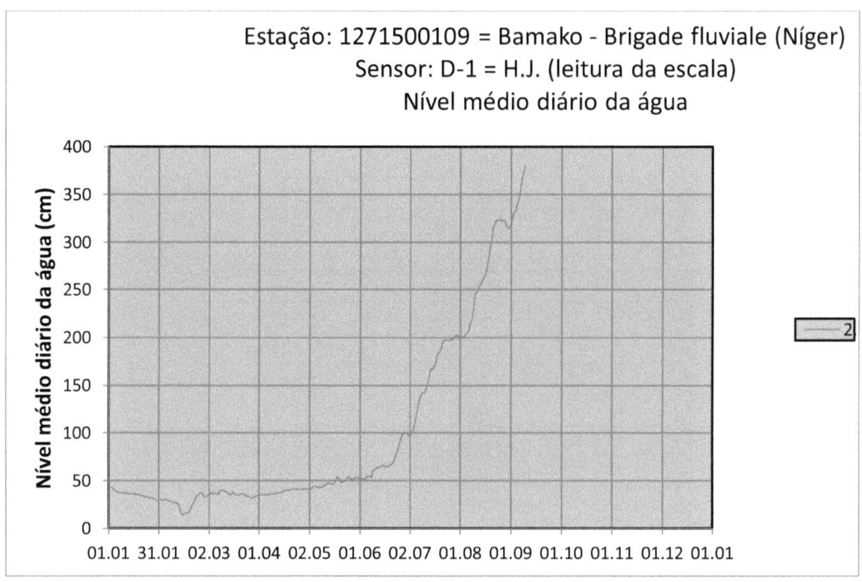

Fonte: DNH (Diretion Nationale d'Hydraulique du Mali).

Apêndice 5: Amostra de coordenadas inquiridas no terreno

N°	Dados de contacto	
	Longitude (X)	**Latitude (Y)**
1	-7,99135	12,6333
2	-7,99144	12,63337
3	-7,9915	12,63338
4	-7,9917	12,63333
5	-7,99179	12,6333
6	-7,99144	12,63325
7	-8,00124	12,62901
8	-7,99378	12,63298
9	-7,99375	12,63286
10	-7,99386	12,63273
11	-7,99395	12,63258
12	-7,99408	12,63263
13	-7,99421	12,63265
14	-7,99442	12,6323
15	-7,99658	12,63139
16	-7,9966	12,63132
17	-7,99672	12,63124
18	-7,99685	12,63123
19	-7,97186	12,61803
20	-7,97732	12,61909
21	-7,99886	12,62936
22	-7,99889	12,62936
23	-8,00277	12,62796
24	-8,00275	12,62791
25	-8,00278	12,62785
26	-8,00283	12,6279
27	-8,00286	12,62792
28	-8,00289	12,62794
29	-7,96518	12,63733
30	-7,96467	12,62255
31	-7,96669	12,62113
32	-7,96626	12,6375
33	-7,96776	12,62039
34	-7,98849	12,62648
35	-7,9885	12,62652
36	-7,99144	12,63325
37	-7,98823	12,6266
38	-7,98815	12,62663

I want morebooks!

Buy your books fast and straightforward online - at one of world's fastest growing online book stores! Environmentally sound due to Print-on-Demand technologies.

Buy your books online at
www.morebooks.shop

Compre os seus livros mais rápido e diretamente na internet, em uma das livrarias on-line com o maior crescimento no mundo! Produção que protege o meio ambiente através das tecnologias de impressão sob demanda.

Compre os seus livros on-line em
www.morebooks.shop

Printed by Books on Demand GmbH, Norderstedt / Germany